똑똑한 하루

빅터 연산

Chunjae
Makes
Chunjae

기획총괄	박금옥
편집개발	지유경, 정소현, 조선영, 최윤석, 김장미, 유혜지, 남솔, 정하영
디자인총괄	김희정
표지디자인	윤순미, 심지현
내지디자인	이은정, 김정우, 퓨리티
제작	황성진, 조규영

발행일	2023년 10월 1일 초판 2023년 10월 1일 1쇄
발행인	(주)천재교육
주소	서울시 금천구 가산로9길 54
신고번호	제2001-000018호
고객센터	1577-0902

※ 정답 분실 시에는 천재교육 교재 홈페이지에서 내려받으세요.

※ KC 마크는 이 제품이 공통안전기준에 적합하였음을 의미합니다.

※ 주의

책 모서리에 다칠 수 있으니 주의하시기 바랍니다.

부주의로 인한 사고의 경우 책임지지 않습니다.

8세 미만의 어린이는 부모님의 관리가 필요합니다.

지루하고 힘든 연산은 OUT!

쉽고 재미있는 **빅터연산으로 연산홀릭**

빅터 연산
단/계/별 학습 내용

예비초

권		
A권	1	5까지의 수
	2	5까지의 수의 덧셈
	3	5까지의 수의 뺄셈
	4	10까지의 수
	5	10까지의 수의 덧셈
	6	10까지의 수의 뺄셈
B권	1	20까지의 수
	2	20까지의 수의 덧셈
	3	20까지의 수의 뺄셈
	4	30까지의 수
	5	30까지의 수의 덧셈
	6	30까지의 수의 뺄셈
C권	1	40까지의 수
	2	40까지의 수의 덧셈
	3	40까지의 수의 뺄셈
	4	50까지의 수
	5	50까지의 수의 덧셈
	6	50까지의 수의 뺄셈
D권	1	받아올림이 없는 두 자리 수의 덧셈
	2	받아내림이 없는 두 자리 수의 뺄셈
	3	10을 이용하는 덧셈
	4	받아올림이 있는 덧셈
	5	10을 이용하는 뺄셈
	6	받아내림이 있는 뺄셈

1단계 초등 1 수준

권		
A권	1	9까지의 수
	2	가르기, 모으기
	3	9까지의 수의 덧셈
	4	9까지의 수의 뺄셈
	5	덧셈과 뺄셈의 관계
	6	세 수의 덧셈, 뺄셈
B권	1	십몇 알아보기
	2	50까지의 수
	3	받아올림이 없는 50까지의 수의 덧셈 (1)
	4	받아올림이 없는 50까지의 수의 덧셈 (2)
	5	받아내림이 없는 50까지의 수의 뺄셈
	6	50까지의 수의 혼합 계산
C권	1	100까지의 수
	2	받아올림이 없는 100까지의 수의 덧셈 (1)
	3	받아올림이 없는 100까지의 수의 덧셈 (2)
	4	받아내림이 없는 100까지의 수의 뺄셈 (1)
	5	받아내림이 없는 100까지의 수의 뺄셈 (2)
D권	1	덧셈과 뺄셈의 관계 – 두 자리 수의 덧셈과 뺄셈
	2	두 자리 수의 혼합 계산
	3	10이 되는 더하기와 빼기
	4	받아올림이 있는 덧셈
	5	받아내림이 있는 뺄셈
	6	세 수의 덧셈과 뺄셈

2단계 초등 2 수준

권		
A권	1	세 자리 수 (1)
	2	세 자리 수 (2)
	3	받아올림이 한 번 있는 덧셈 (1)
	4	받아올림이 한 번 있는 덧셈 (2)
	5	받아올림이 두 번 있는 덧셈
B권	1	받아내림이 한 번 있는 뺄셈
	2	받아내림이 두 번 있는 뺄셈
	3	덧셈과 뺄셈의 관계
	4	세 수의 계산
	5	곱셈 – 묶어 세기, 몇 배
C권	1	네 자리 수
	2	세 자리 수와 두 자리 수의 덧셈
	3	세 자리 수와 두 자리 수의 뺄셈
	4	시각과 시간
	5	시간의 덧셈과 뺄셈 – 분까지의 덧셈과 뺄셈
	6	세 수의 계산 – 세 자리 수와 두 자리 수의 계산
D권	1	곱셈구구 (1)
	2	곱셈구구 (2)
	3	곱셈 – 곱셈구구를 이용한 곱셈
	4	길이의 합 – m와 cm의 단위의 합
	5	길이의 차 – m와 cm의 단위의 차

3단계 초등 3 수준

권		
A권	1	덧셈 – (세 자리 수) + (세 자리 수)
	2	뺄셈 – (세 자리 수) – (세 자리 수)
	3	나눗셈 – 곱셈구구로 나눗셈의 몫 구하기
	4	곱셈 – (두 자리 수) × (한 자리 수)
	5	시간의 합과 차 – 초 단위까지
	6	길이의 합과 차 – mm 단위까지
	7	분수
	8	소수
B권	1	(세 자리 수) × (한 자리 수) (1)
	2	(세 자리 수) × (한 자리 수) (2)
	3	(두 자리 수) × (두 자리 수)
	4	나눗셈 (1) – (몇십) ÷ (몇), (몇백몇십) ÷ (몇)
	5	나눗셈 (2) – (몇십몇) ÷ (몇), (세 자리 수) ÷ (한 자리 수)
	6	분수의 합과 차
	7	들이의 합과 차 – (L, mL)
	8	무게의 합과 차 – (g, kg, t)

4단계 초등 4 수준

권	번호	내용
A권	1	큰 수
	2	큰 수의 계산
	3	각도
	4	곱셈 (1)
	5	곱셈 (2)
	6	나눗셈 (1)
	7	나눗셈 (2)
	8	규칙 찾기
B권	1	분수의 덧셈
	2	분수의 뺄셈
	3	소수
	4	자릿수가 같은 소수의 덧셈
	5	자릿수가 다른 소수의 덧셈
	6	자릿수가 같은 소수의 뺄셈
	7	자릿수가 다른 소수의 뺄셈
	8	세 소수의 덧셈과 뺄셈

5단계 초등 5 수준

권	번호	내용
A권	1	자연수의 혼합 계산
	2	약수와 배수
	3	약분과 통분
	4	분수와 소수
	5	분수의 덧셈
	6	분수의 뺄셈
	7	분수의 덧셈과 뺄셈
	8	다각형의 둘레와 넓이
B권	1	수의 범위
	2	올림, 버림, 반올림
	3	분수의 곱셈
	4	소수와 자연수의 곱셈
	5	자연수와 소수의 곱셈
	6	자릿수가 같은 소수의 곱셈
	7	자릿수가 다른 소수의 곱셈
	8	평균

6단계 초등 6 수준

권	번호	내용
A권	1	분수의 나눗셈 (1)
	2	분수의 나눗셈 (2)
	3	분수의 곱셈과 나눗셈
	4	소수의 나눗셈 (1)
	5	소수의 나눗셈 (2)
	6	소수의 나눗셈 (3)
	7	비와 비율
	8	직육면체의 부피와 겉넓이
B권	1	분수의 나눗셈 (1)
	2	분수의 나눗셈 (2)
	3	분수 나눗셈의 혼합 계산
	4	소수의 나눗셈 (1)
	5	소수의 나눗셈 (2)
	6	소수의 나눗셈 (3)
	7	비례식 (1)
	8	비례식 (2)
	9	원의 넓이

중등 수학

중1

권	번호	내용
A권	1	소인수분해
	2	최대공약수와 최소공배수
	3	정수와 유리수
	4	정수와 유리수의 계산
B권	1	문자와 식
	2	일차방정식
	3	좌표평면과 그래프

중2

권	번호	내용
A권	1	유리수와 순환소수
	2	식의 계산
	3	부등식
B권	1	연립방정식
	2	일차함수와 그래프
	3	일차함수와 일차방정식

중3

권	번호	내용
A권	1	제곱근과 실수
	2	제곱근을 포함한 식의 계산
	3	다항식의 곱셈
	4	다항식의 인수분해
B권	1	이차방정식
	2	이차함수의 그래프 (1)
	3	이차함수의 그래프 (2)

빅터 연산

구성과 특징

2단계 D권

흥미

만화로 흥미 UP

학습할 내용을 만화로 먼저 보면 흥미와 관심을 높일 수 있습니다.

개념 & 원리

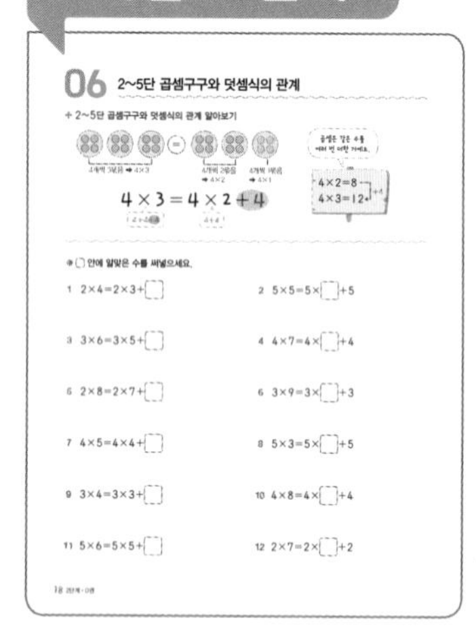
06 2~5단 곱셈구구와 덧셈식의 관계

$4 \times 3 = 4 \times 2 + 4$

□ 안에 알맞은 수를 써넣으세요.

1 2×4=2×3+□
2 5×5=5×□+5
3 3×6=3×5+□
4 4×7=4×□+4
5 2×8=2×7+□
6 3×9=3×□+3
7 4×5=4×4+□
8 5×3=5×□+5
9 3×4=3×3+□
10 4×8=4×□+4
11 5×6=5×5+□
12 2×7=2×□+2

개념 & 원리 탄탄

연산의 원리를 쉽고 재미있게 확실히 이해하도록 하였습니다.
원리 이해를 돕는 문제로 연산의 기본을 다집니다.

정확성

08 집중 연산 ❷

계산해 보세요.

1 3×9, 3×5 / 2 4×7, 4×6 / 3 2×3, 2×2 / 4 4×3, 4×8 / 5 5×8, 5×9 / 6 3×7, 3×8 / 7 5×2, 5×7 / 8 2×4, 2×5 / 9 4×2, 4×5 / 10 2×6, 2×9 / 11 3×2, 3×4 / 12 5×4, 5×5 / 13 3×6, 3×3 / 14 4×4, 4×9 / 15 2×7, 2×8

16 5×4, 5×7 / 17 2×6, 2×4 / 18 3×5, 3×4 / 19 4×6, 4×5 / 20 3×3, 3×9 / 21 5×6, 5×8 / 22 2×5, 2×7 / 23 5×5, 5×9 / 24 3×4, 3×8 / 25 4×8, 4×7 / 26 3×6, 3×7 / 27 2×9, 2×8 / 28 5×3, 5×7 / 29 2×8, 2×5 / 30 4×9, 4×2

집중 연산

집중 연산을 통해 연산을 더 빠르고 더 정확하게 해결할 수 있게 됩니다.

다양한 유형

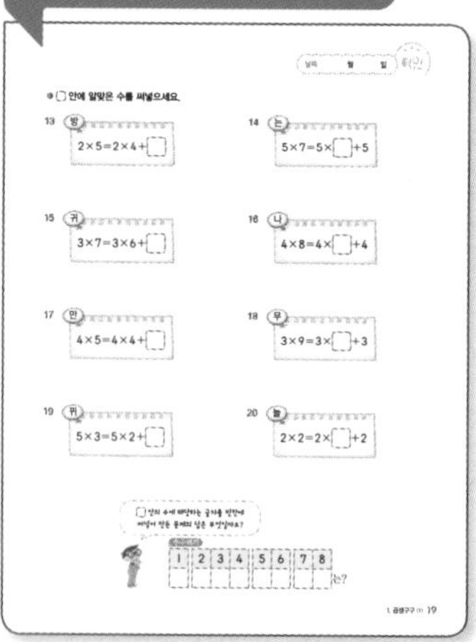
□ 안에 알맞은 수를 써넣으세요.

13 2×5=2×4+□
14 5×7=5×□+5
15 3×7=3×6+□
16 4×8=4×□+4
17 4×5=4×4+□
18 3×9=3×□+3
19 5×3=5×2+□
20 2×2=2×□+2

다양한 유형으로 흥미 UP

수수께끼, 연상퀴즈 등 다양한 형태의 문제로 게임보다 더 쉽고 재미있게 연산을 학습하면서 실력을 쌓을 수 있습니다.

Contents

차례

1 곱셈구구(1)

수학스타M
우승하는 사람에게 숫자 요정이
원하는 소원을 들어줍니다.

숫자 요정님이
소원을 들어준대요.

우승하면 진짜
사람이 되게 해달라고
소원을 빌어야겠어!

좋은 기회가 왔구나.
우리 모두 함께 참가하자꾸나.
네~!!

우승하면
예쁜 옷과
보석들을
잔뜩 달라고
해야지.

맛있는 거 잔뜩
달라고 소원 빌어야지~.
냠냠~~.
난 숫자 서커스를 다시 열어서
피노키오 녀석을 골려
줄 거야~.

수학스타M 접수처
와~ 사람 많다!
몇 명이나 있을까?

곱셈구구?
곱셈구구를
이용하면
쉽게 알 수 있어.

학습내용

- 2~5단 곱셈구구
- 2~5단 곱셈구구와 덧셈식의 관계

연산력 게임

스마트폰을 이용하여 QR을 찍으면 재미있는 연산 게임을 할 수 있습니다.

01 2단 곱셈구구

2단 곱셈구구 알아보기

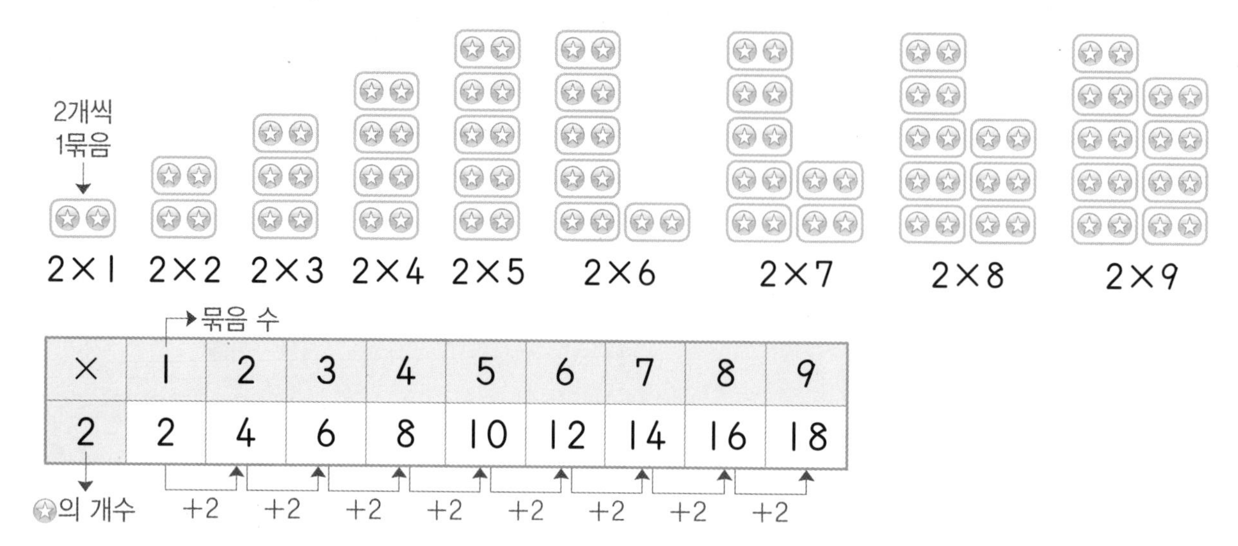

×	1	2	3	4	5	6	7	8	9
2	2	4	6	8	10	12	14	16	18

● 곱셈을 하여 체리의 개수를 구하세요.

1  2×1=□

2 2×2=□

3 2×□=□

4 2×□=□

5 2×□=□

6 2×□=□

7 2×□=□

8  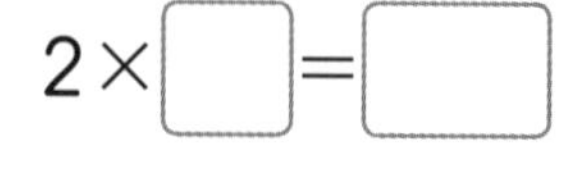 2×□=□

9  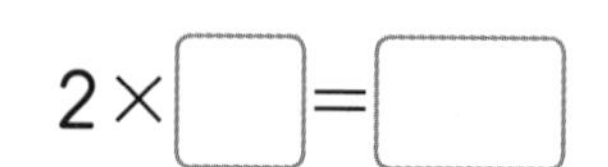 2×□=□

한 묶음씩 늘어날 때마다 체리는 2개씩 늘어나요.

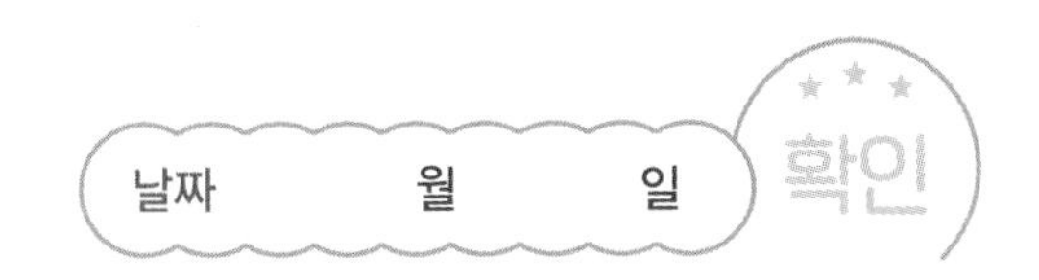

 강낭콩 싹을 틔워 한 줄에 2개씩 밭에 옮겨 심었습니다. 밭별로 심은 강낭콩 싹의 개수를 곱셈식으로 알아보세요.

10

줄 수

2× 6 = ☐

11

2× ☐ = ☐

12

2× ☐ = ☐

13

2× ☐ = ☐

14

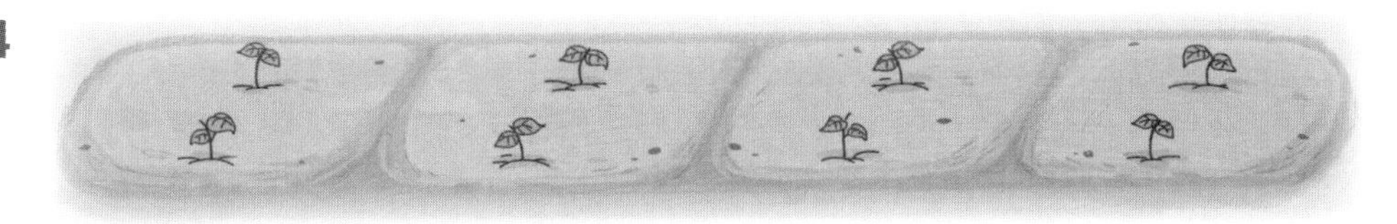

2× ☐ = ☐

15

2× ☐ = ☐

16

2× ☐ = ☐

02 3단 곱셈구구

✣ 3단 곱셈구구 알아보기

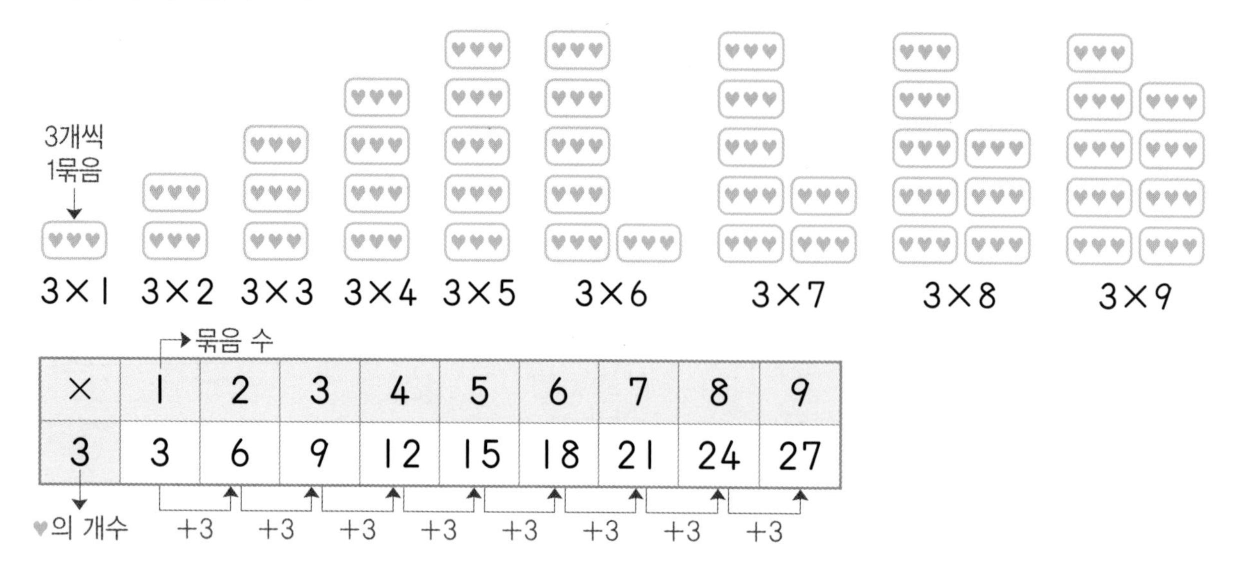

×	1	2	3	4	5	6	7	8	9
3	3	6	9	12	15	18	21	24	27

● 곱셈을 하여 풀의 개수를 구하세요.

1 $3 \times 1 = \square$

2 $3 \times 2 = \square$

3 $3 \times \square = \square$

4 $3 \times \square = \square$

5 $3 \times \square = \square$

6 $3 \times \square = \square$

7 $3 \times \square = \square$

8 $3 \times \square = \square$

9 $3 \times \square = \square$

3단은
3씩 커져요.

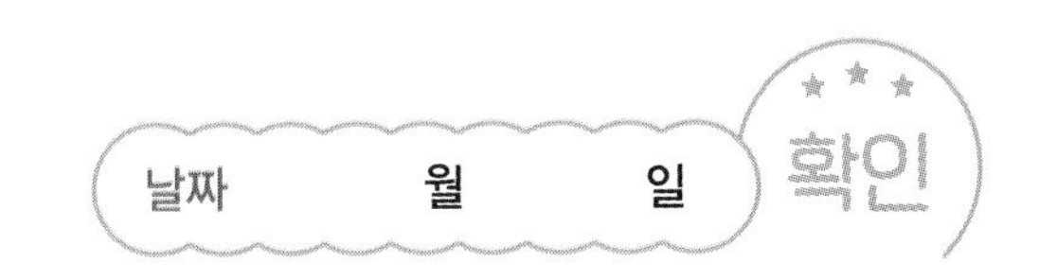

● 주스의 수에 따라 사용한 과일의 개수를 곱셈식으로 알아보세요.

10

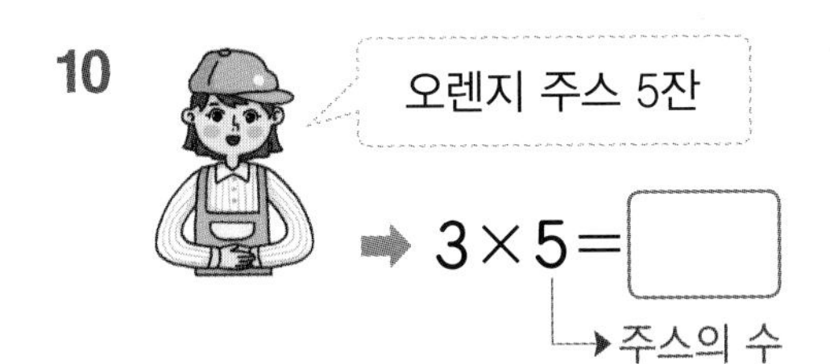

오렌지 주스 5잔

➡ $3 \times 5 = \square$

↳ 주스의 수

11

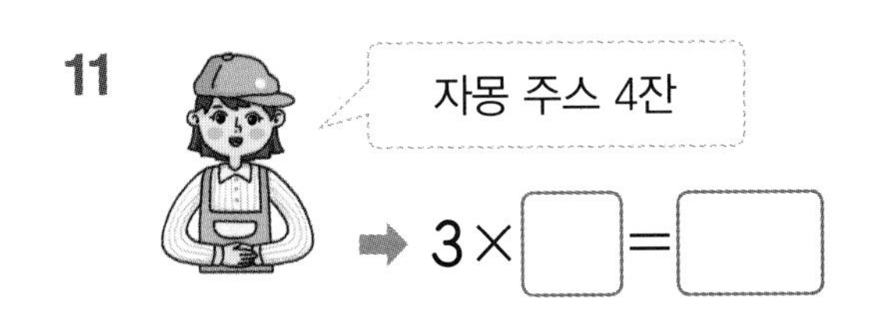

자몽 주스 4잔

➡ $3 \times \square = \square$

12

키위 주스 6잔

➡ ____________________

13

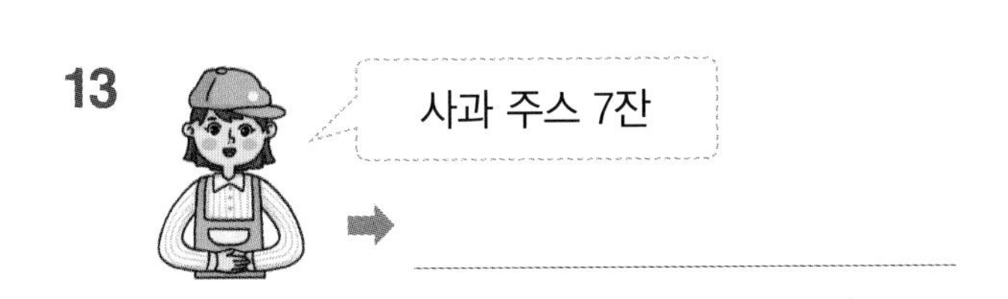

사과 주스 7잔

➡ ____________________

14

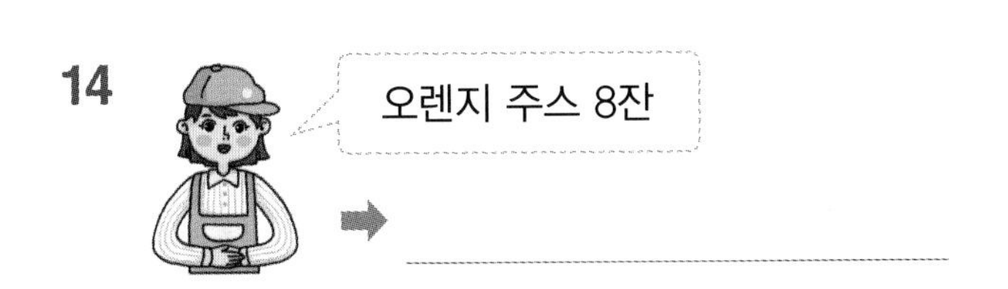

오렌지 주스 8잔

➡ ____________________

15

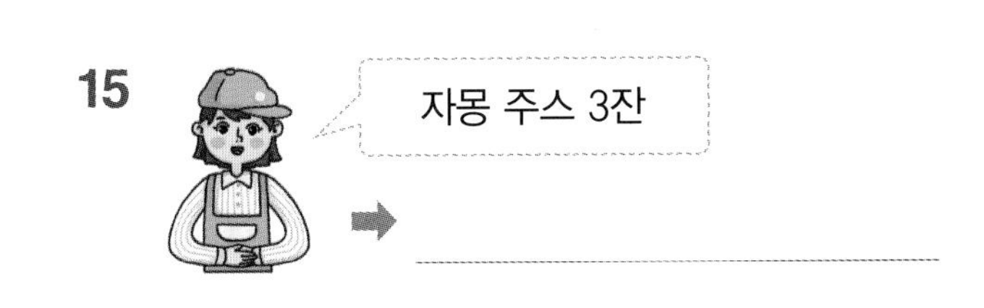

자몽 주스 3잔

➡ ____________________

16

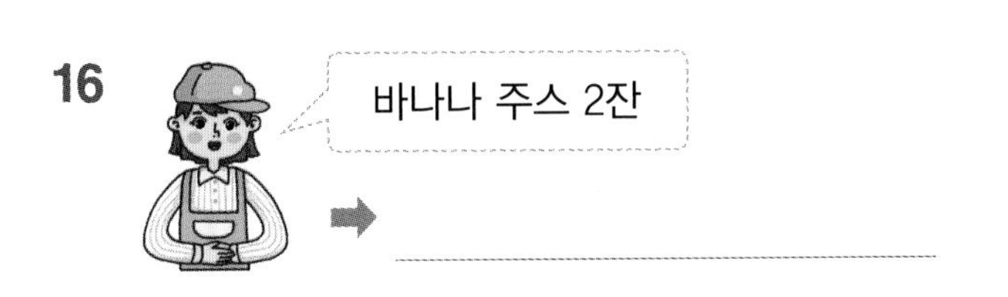

바나나 주스 2잔

➡ ____________________

17

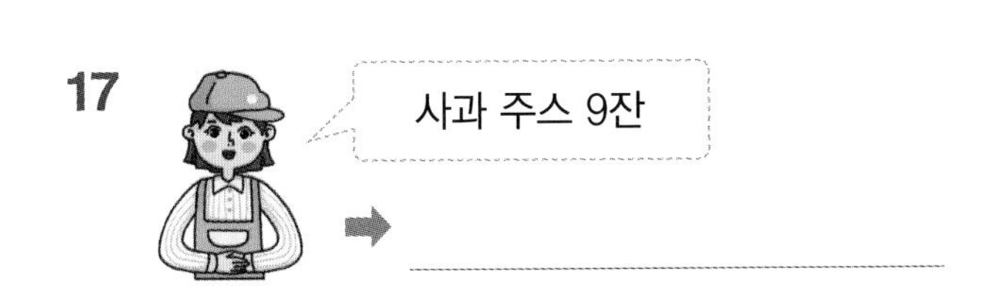

사과 주스 9잔

➡ ____________________

03 4단 곱셈구구

✢ 4단 곱셈구구 알아보기

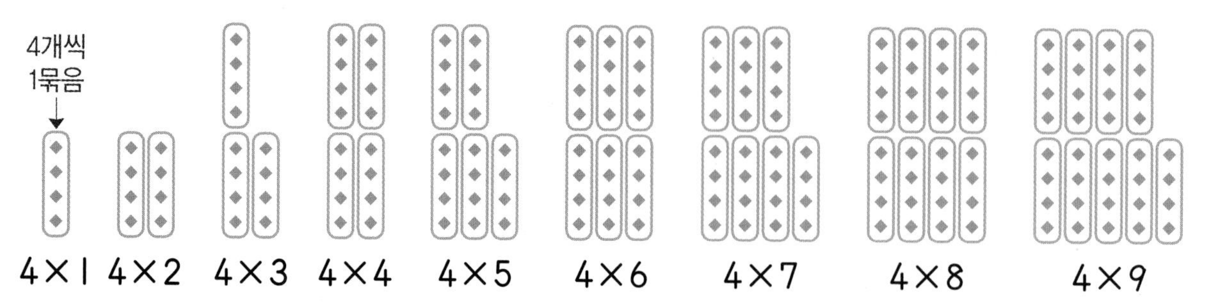

4×1 4×2 4×3 4×4 4×5 4×6 4×7 4×8 4×9

→묶음 수

×	1	2	3	4	5	6	7	8	9
4	4	8	12	16	20	24	28	32	36

◆의 개수 +4 +4 +4 +4 +4 +4 +4 +4

● 곱셈을 하여 나비 날개의 개수를 구하세요.

1  4×1=□

2 4×2=□

3 4×□=□

나비 한 마리의 날개는 4개예요.

4  4×□=□

5  4×□=□

6  4×□=□

7 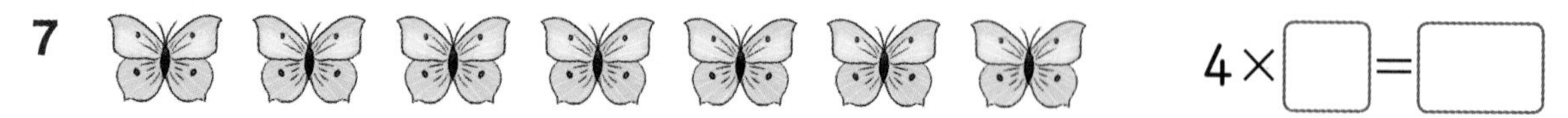 4×□=□

8 4×□=□

9 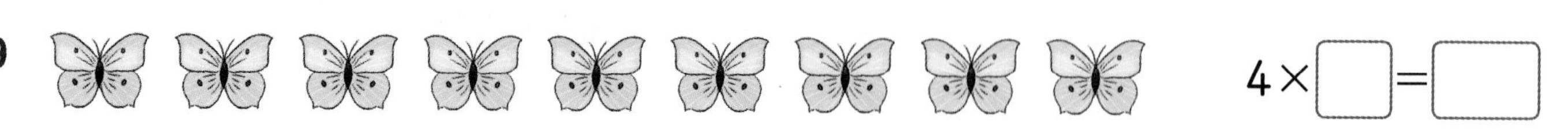 4×□=□

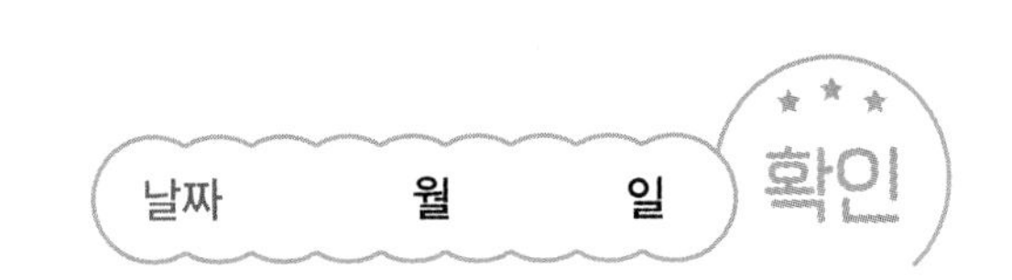

● 수현이와 친구들의 쪽지 시험지입니다. 잘못 쓴 답에 모두 ×표 하세요.

10

쪽지 시험 이름: 이수현 점수
범위 : 4단 곱셈구구

(1) $4 \times 1 =$ 4

(2) $4 \times 3 =$ 12

(3) $4 \times 5 =$ 20

(4) $4 \times 6 =$ 28

(5) $4 \times 7 =$ 32

11

쪽지 시험 이름: 박해영 점수
범위 : 4단 곱셈구구

(1) $4 \times 2 =$ 8

(2) $4 \times 4 =$ 16

(3) $4 \times 5 =$ 24

(4) $4 \times 7 =$ 28

(5) $4 \times 9 =$ 30

12

쪽지 시험 이름: 최빅터 점수
범위 : 4단 곱셈구구

(1) $4 \times 3 =$ 12

(2) $4 \times 4 =$ 18

(3) $4 \times 5 =$ 30

(4) $4 \times 7 =$ 32

(5) $4 \times 8 =$ 36

13

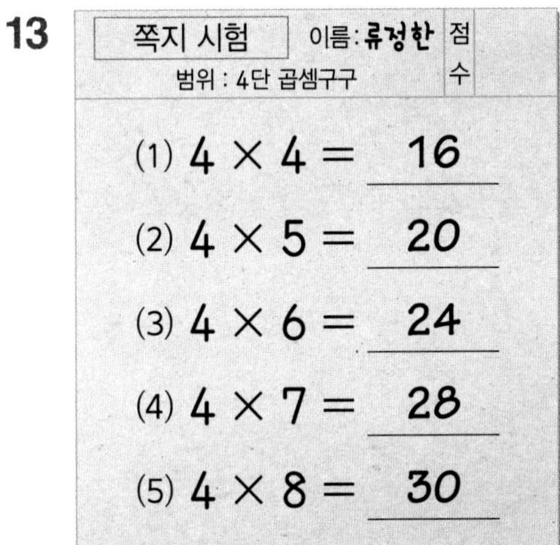
쪽지 시험 이름: 류정한 점수
범위 : 4단 곱셈구구

(1) $4 \times 4 =$ 16

(2) $4 \times 5 =$ 20

(3) $4 \times 6 =$ 24

(4) $4 \times 7 =$ 28

(5) $4 \times 8 =$ 30

14

쪽지 시험 이름: 성수연 점수
범위 : 4단 곱셈구구

(1) $4 \times 1 =$ 4

(2) $4 \times 2 =$ 8

(3) $4 \times 3 =$ 10

(4) $4 \times 4 =$ 16

(5) $4 \times 5 =$ 24

15

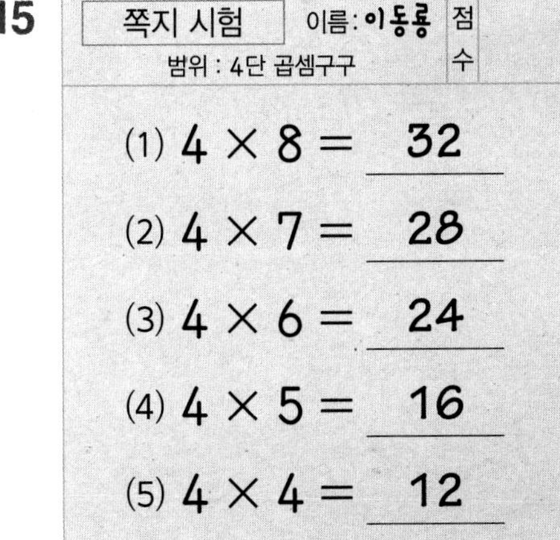
쪽지 시험 이름: 이동룡 점수
범위 : 4단 곱셈구구

(1) $4 \times 8 =$ 32

(2) $4 \times 7 =$ 28

(3) $4 \times 6 =$ 24

(4) $4 \times 5 =$ 16

(5) $4 \times 4 =$ 12

틀린 문제가 3개보다 더 많은 사람은 시험을 다시 봐야 해요. 시험을 다시 봐야 하는 사람은 누구일까요?

04 5단 곱셈구구

5단 곱셈구구 알아보기

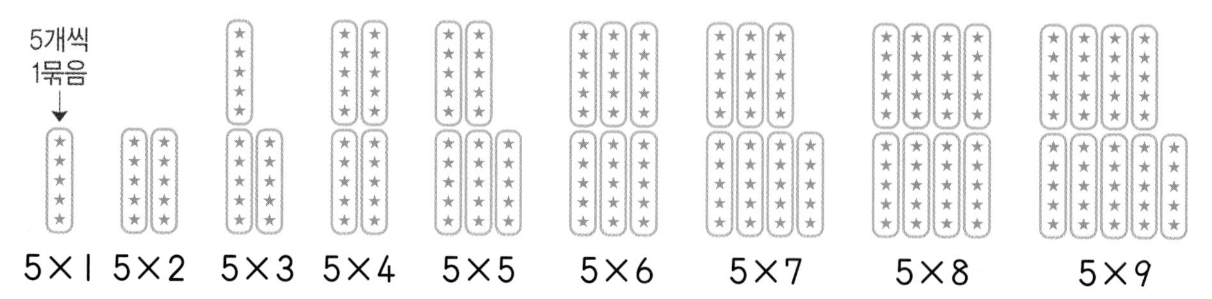

→묶음 수

×	1	2	3	4	5	6	7	8	9
5	5	10	15	20	25	30	35	40	45

★의 개수 +5 +5 +5 +5 +5 +5 +5 +5

● 곱셈을 하여 꽃잎의 개수를 구하세요.

1 $5\times1=\square$

2 $5\times2=\square$

3 $5\times\square=\square$

5단은
5씩 커져요.

4  $5\times\square=\square$

5  $5\times\square=\square$

6  $5\times\square=\square$

7  $5\times\square=\square$

8  $5\times\square=\square$

9 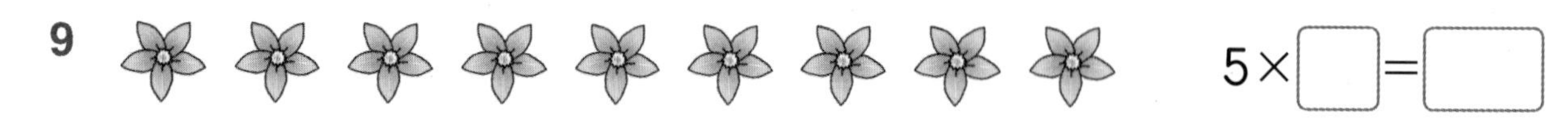 $5\times\square=\square$

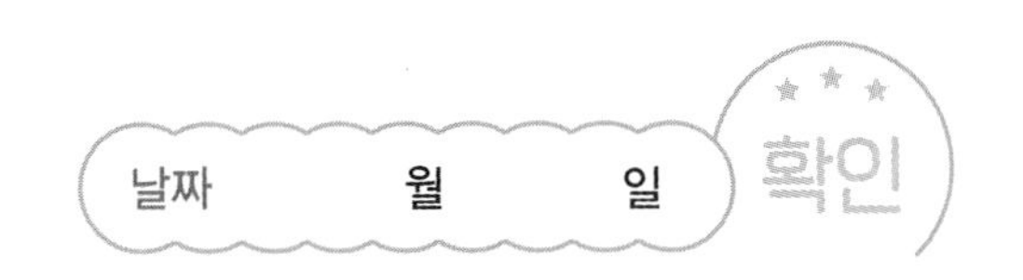

◐ 채소가 종류별로 한 봉지에 5개씩 들어 있습니다. 종류별로 각각 몇 개인지 곱셈식으로 알아보세요.

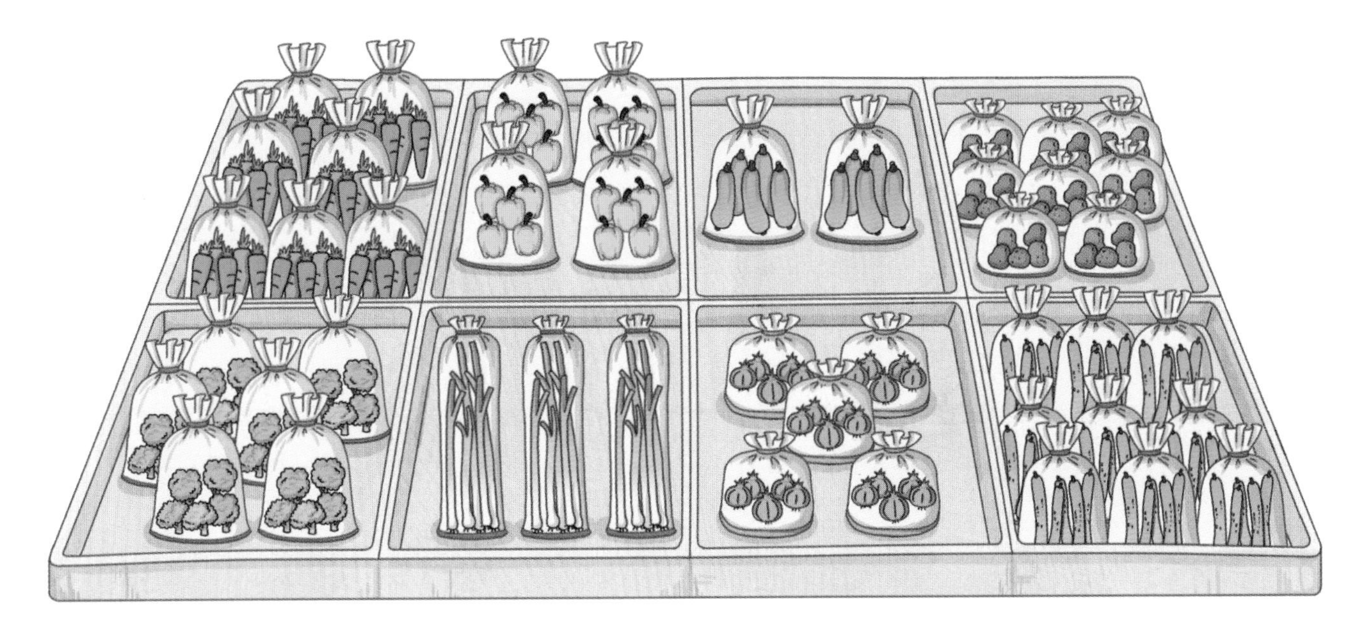

10 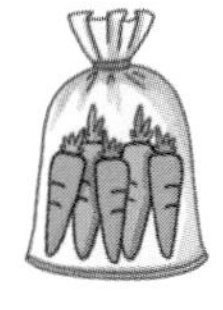

(봉지 수 → 7)

식 $5 \times 7 = \square$

답 ______ 개

11 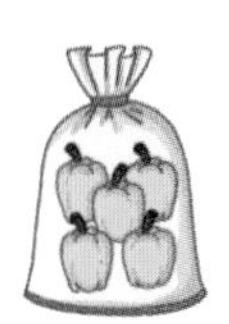

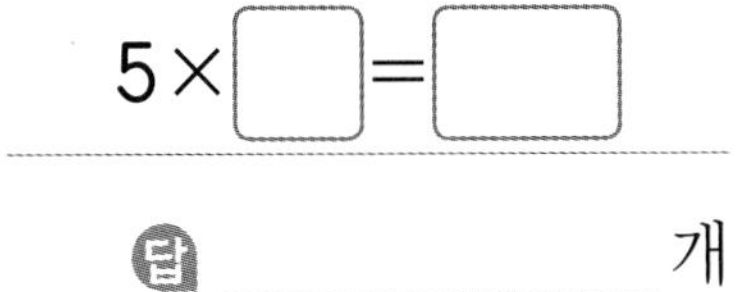

식 $5 \times \square = \square$

답 ______ 개

12 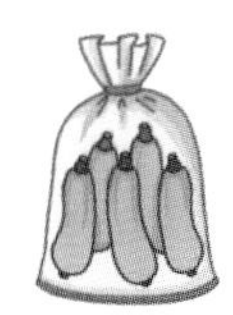

식 ______

답 ______ 개

13 

식 ______

답 ______ 개

14 

식 ______

답 ______ 개

15 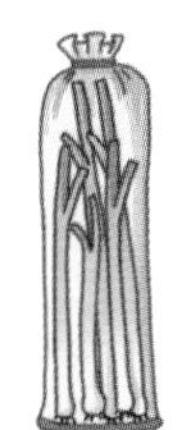

식 ______

답 ______ 개

16 

식 ______

답 ______ 개

17 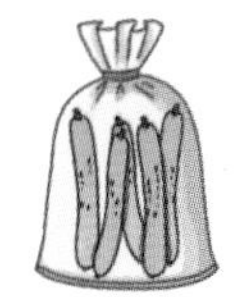

식 ______

답 ______ 개

05 2, 3, 4, 5단 곱셈구구

✣ 2, 3, 4, 5단 곱셈구구 알아보기

• 2단 곱셈구구

→2씩 커져요.

2 2 2 2 2 2 2 2 2

0 2 4 6 8 10 12 14 16 18

• 3단 곱셈구구

→3씩 커져요.

3 3 3 3 3 3 3 3 3

0 3 6 9 12 15 18 21 24 27

• 4단 곱셈구구

→4씩 커져요.

4 4 4 4 4 4 4 4 4

0 4 8 12 16 20 24 28 32 36

• 5단 곱셈구구

→5씩 커져요.

5 5 5 5 5 5 5 5 5

0 5 10 15 20 25 30 35 40 45

◑ 수직선을 보고 곱셈을 하세요.

1

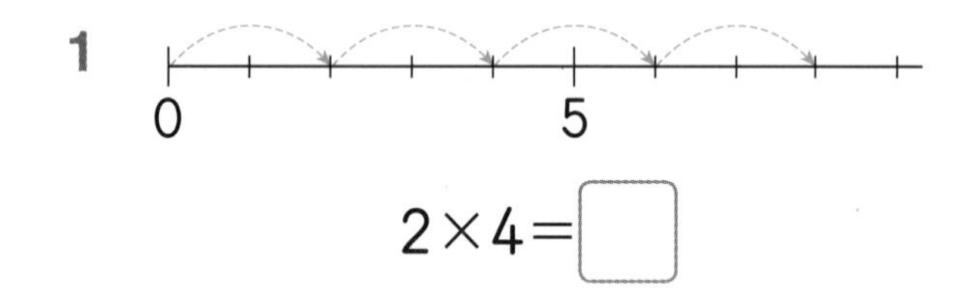

$2\times4=\square$

2

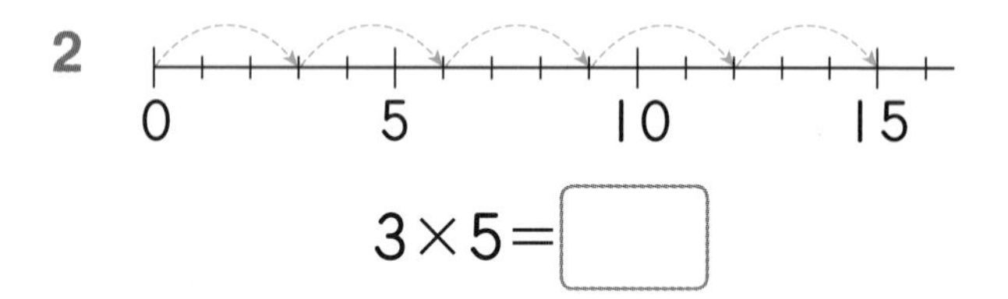

$3\times5=\square$

3

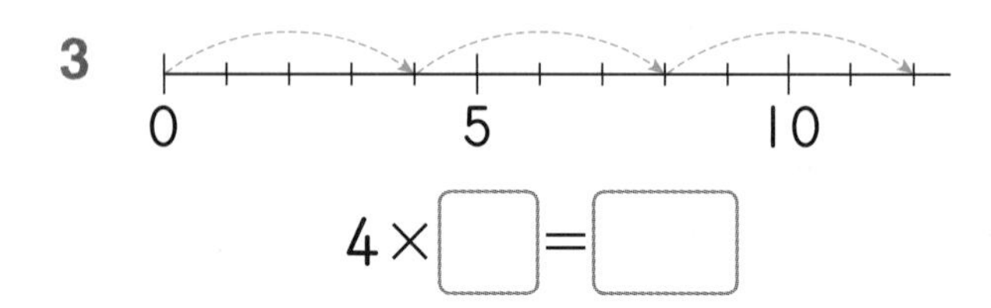

$4\times\square=\square$

4

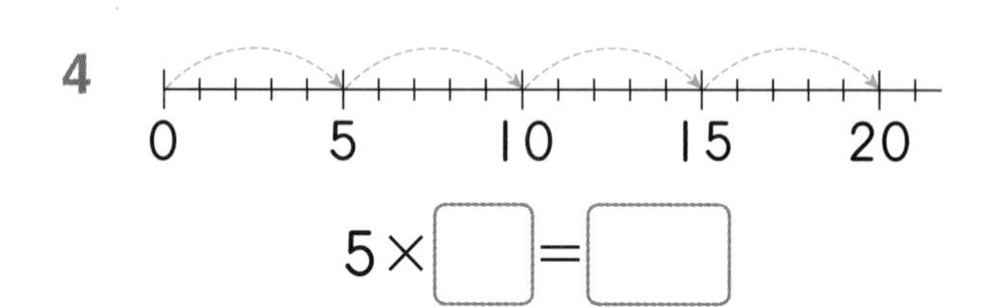

$5\times\square=\square$

5

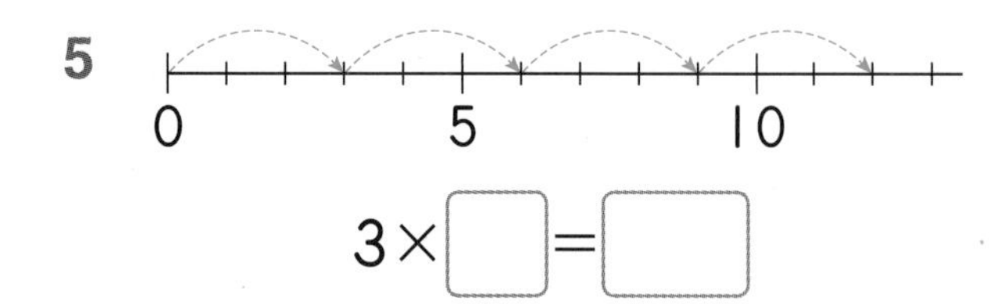

$3\times\square=\square$

6

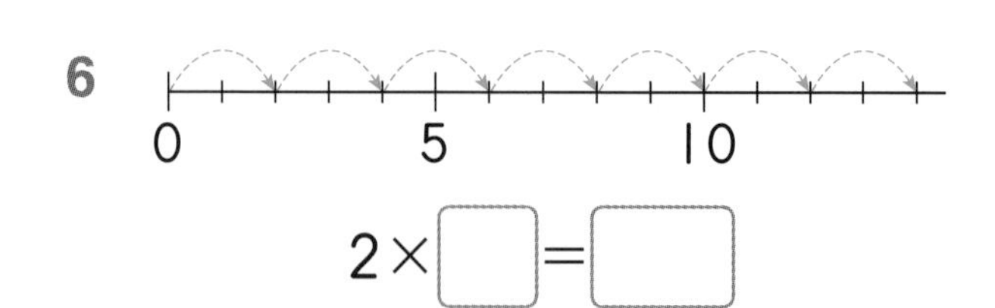

$2\times\square=\square$

7

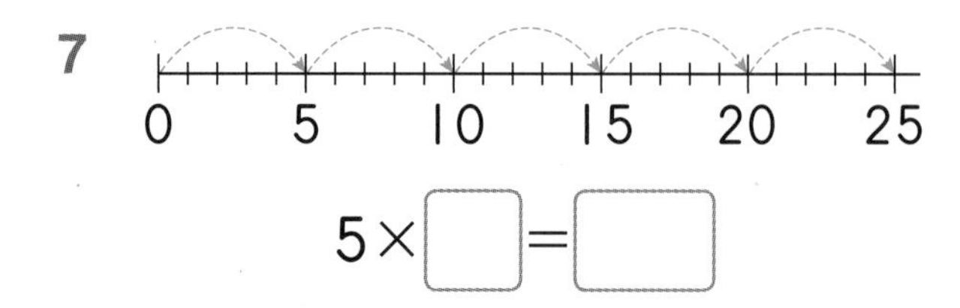

$5\times\square=\square$

8

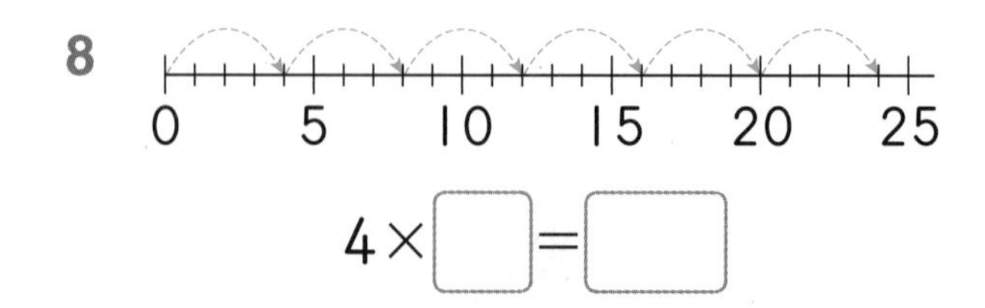

$4\times\square=\square$

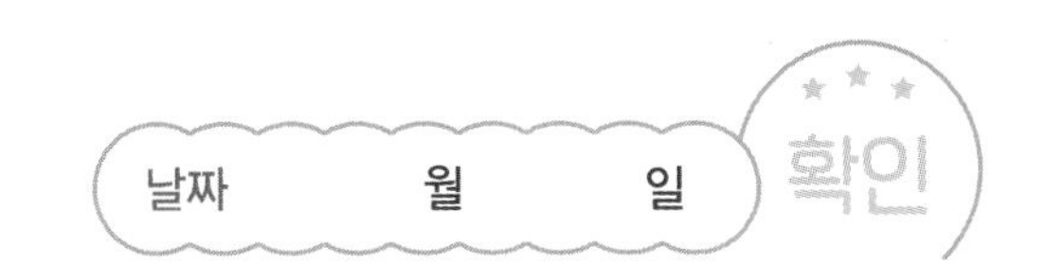

9 곱셈구구의 답을 따라가며 선을 그어 보물을 찾아 보세요.

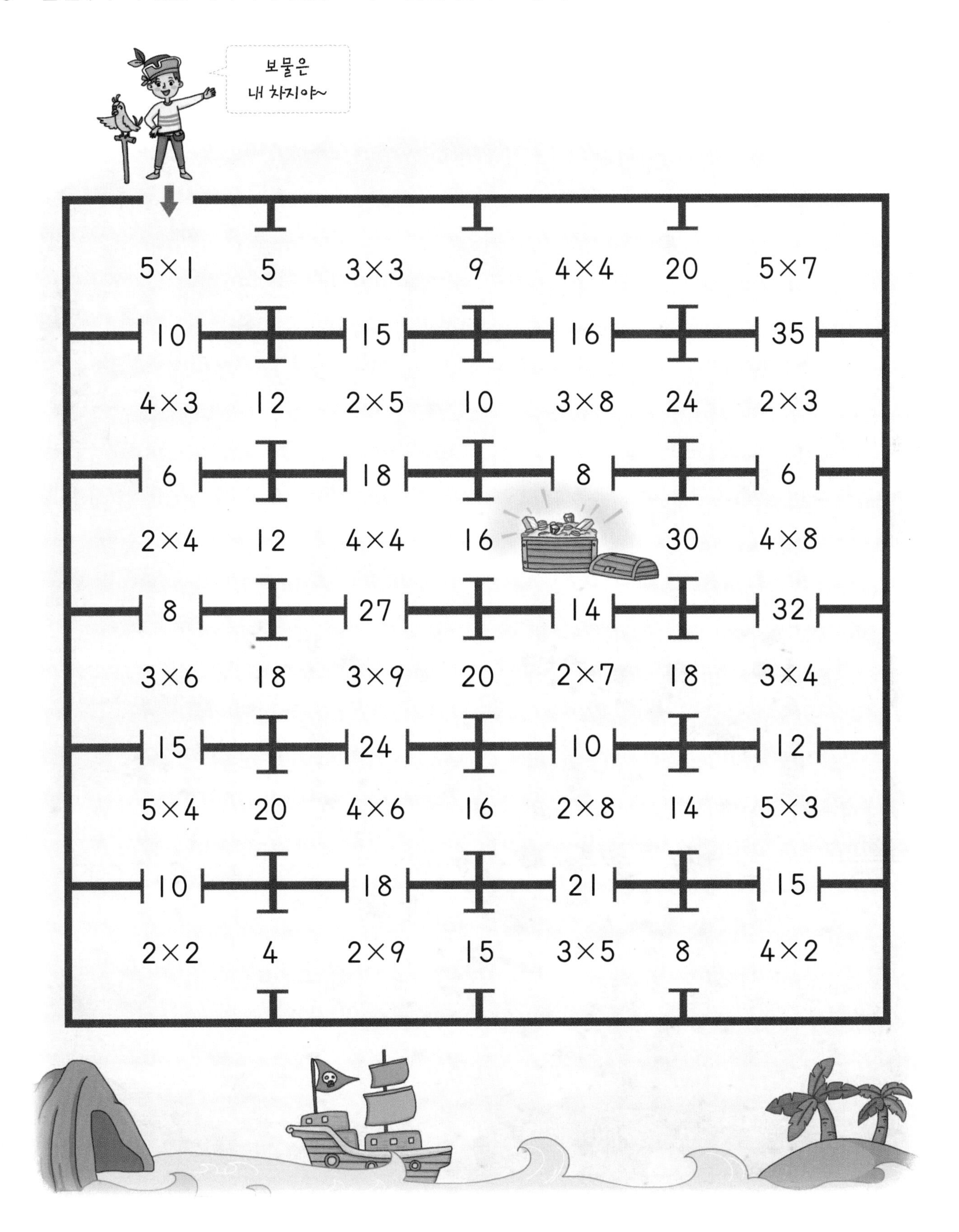

06 2~5단 곱셈구구와 덧셈식의 관계

✣ 2~5단 곱셈구구와 덧셈식의 관계 알아보기

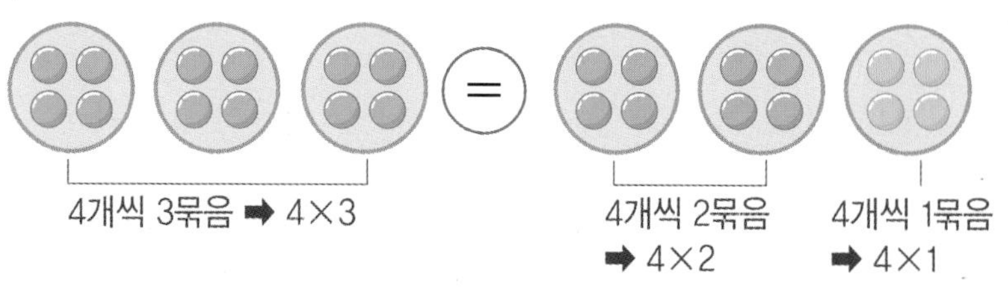

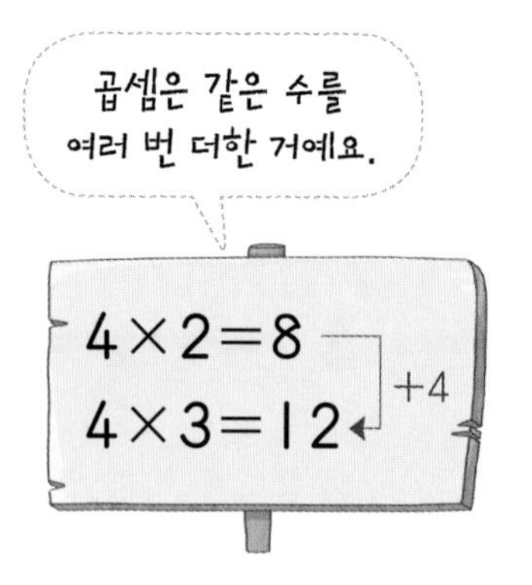

$$4 \times 3 = 4 \times 2 + 4$$

4+4+4　　4+4

◐ ▢ 안에 알맞은 수를 써넣으세요.

1 $2\times4=2\times3+\square$

2 $5\times5=5\times\square+5$

3 $3\times6=3\times5+\square$

4 $4\times7=4\times\square+4$

5 $2\times8=2\times7+\square$

6 $3\times9=3\times\square+3$

7 $4\times5=4\times4+\square$

8 $5\times3=5\times\square+5$

9 $3\times4=3\times3+\square$

10 $4\times8=4\times\square+4$

11 $5\times6=5\times5+\square$

12 $2\times7=2\times\square+2$

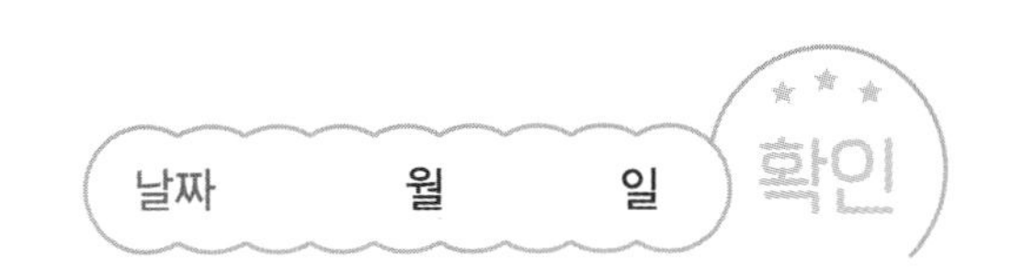

● ☐ 안에 알맞은 수를 써넣으세요.

13 방

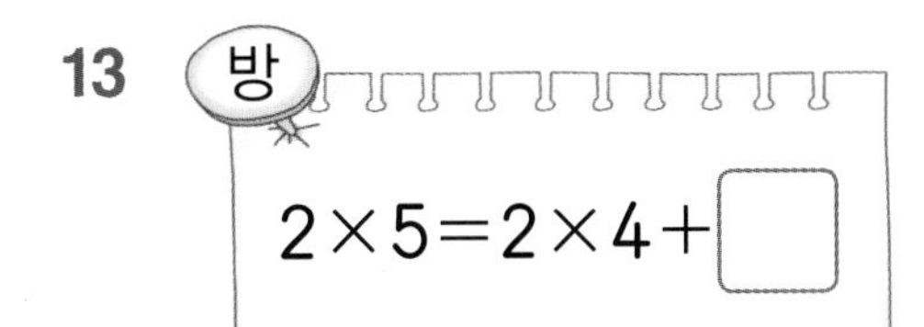

$2\times5=2\times4+\square$

14 는

$5\times7=5\times\square+5$

15 귀

$3\times7=3\times6+\square$

16 나

$4\times8=4\times\square+4$

17 만

$4\times5=4\times4+\square$

18 무

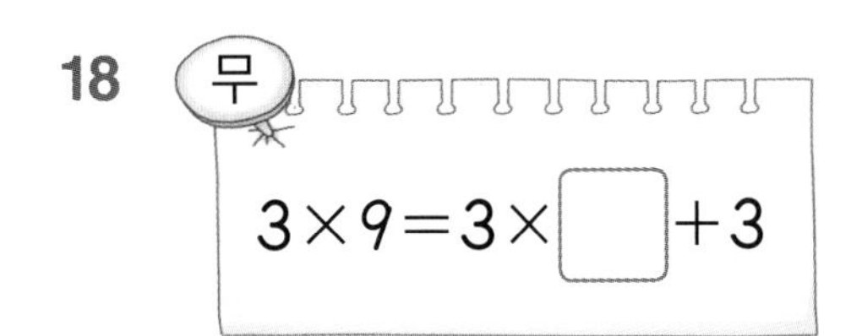

$3\times9=3\times\square+3$

19 꿔

$5\times3=5\times2+\square$

20 늘

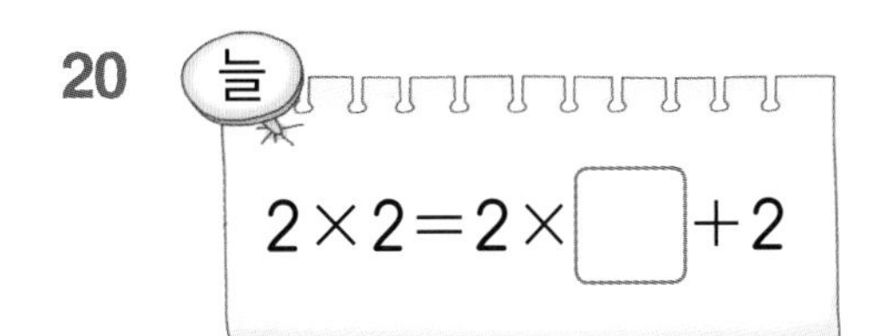

$2\times2=2\times\square+2$

☐ 안의 수에 해당하는 글자를 빈칸에 써넣어 만든 문제의 답은 무엇일까요?

수수께끼

1	2	3	4	5	6	7	8

는?

07 집중 연산 ❶

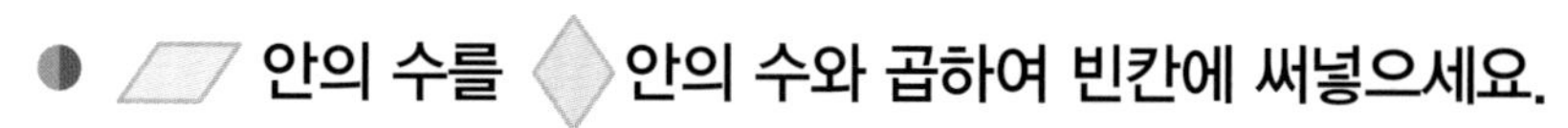

1

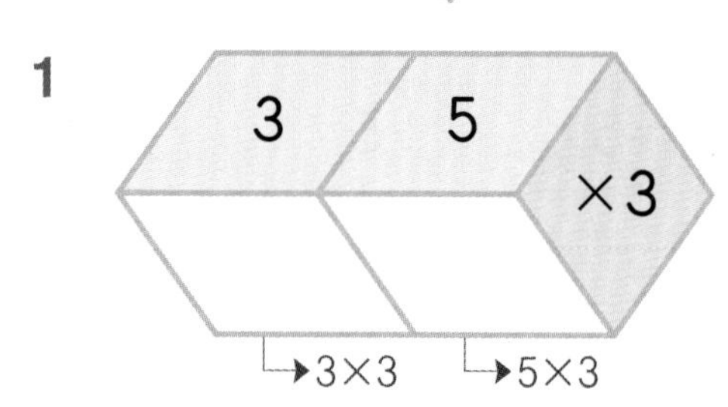

2

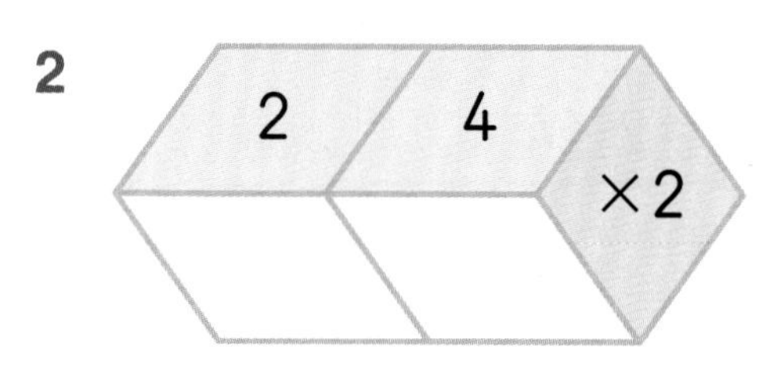

3

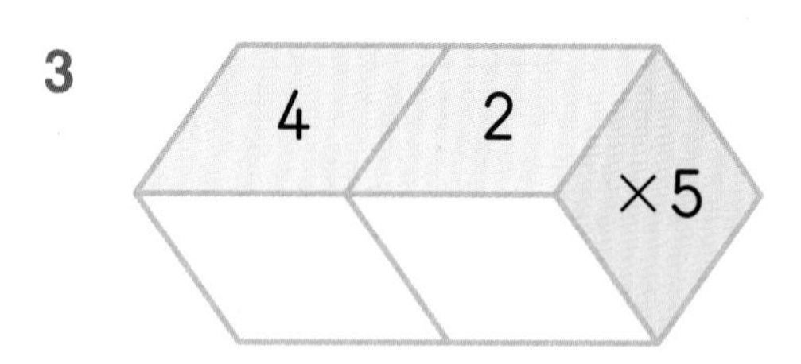

4

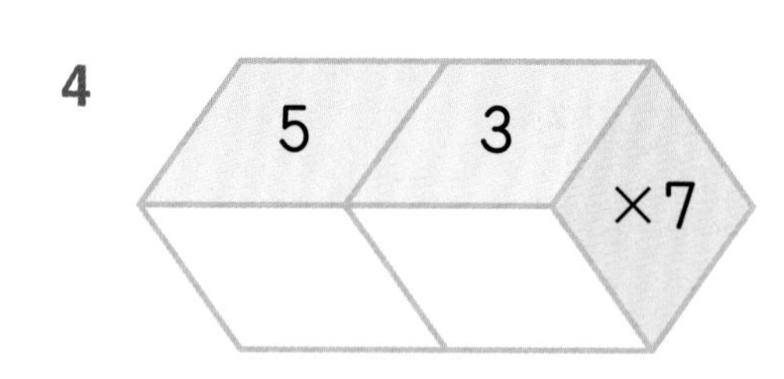

5

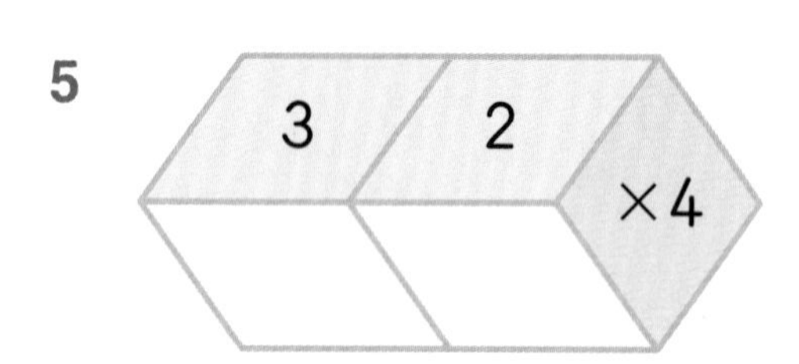

6

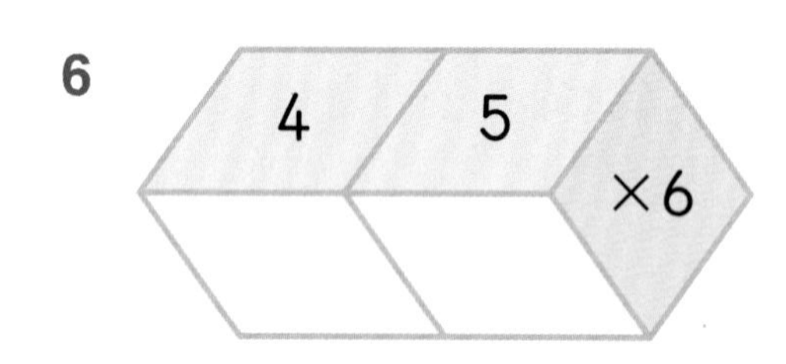

7

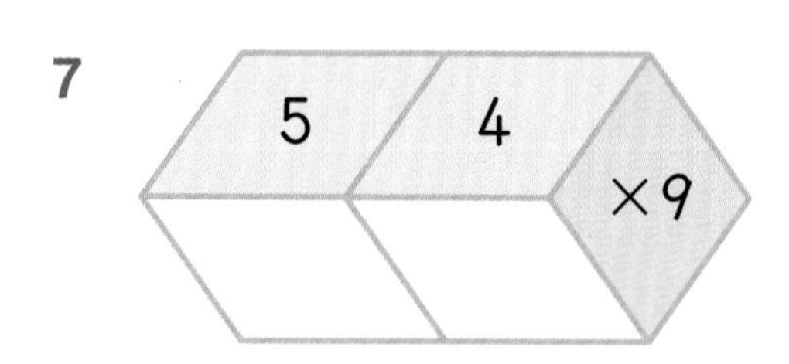

8

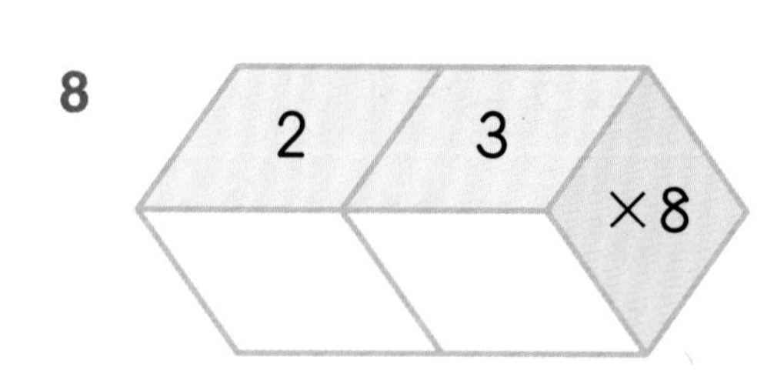

9

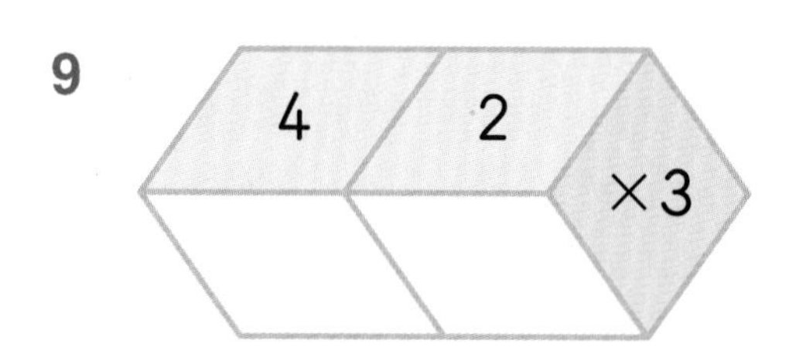

10

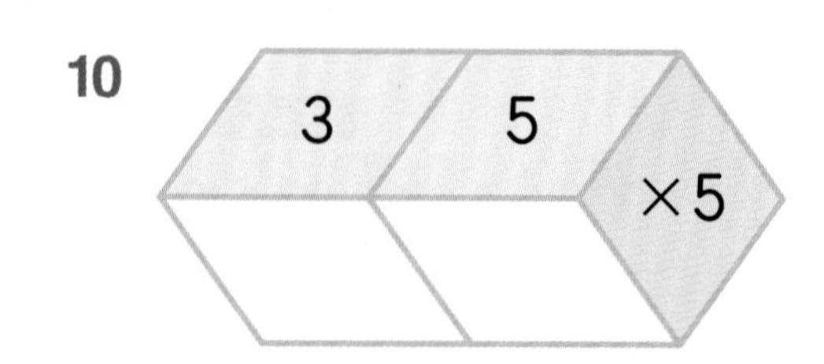

◐ 보기 와 같이 두 ◯ 안의 수를 곱하여 ☐ 안에 써넣으세요.

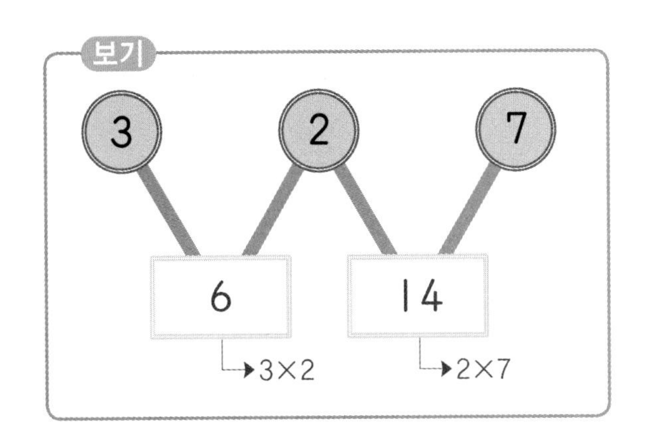

11
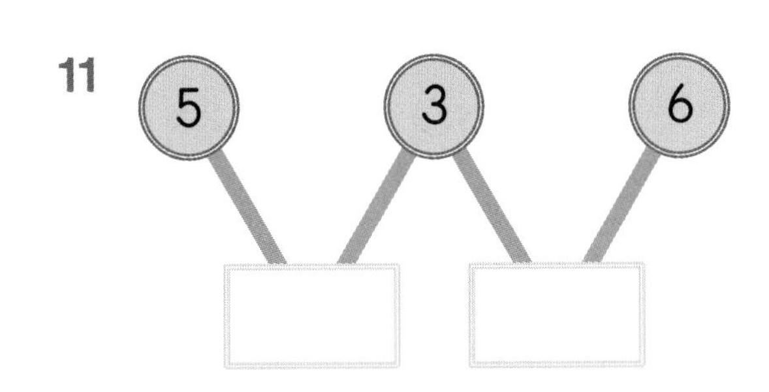

12

13
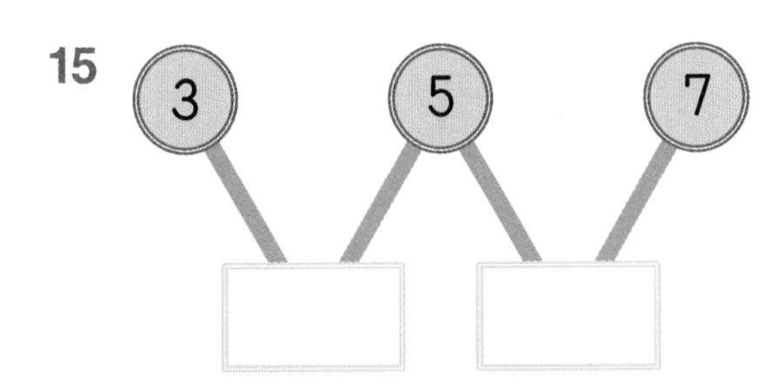

14
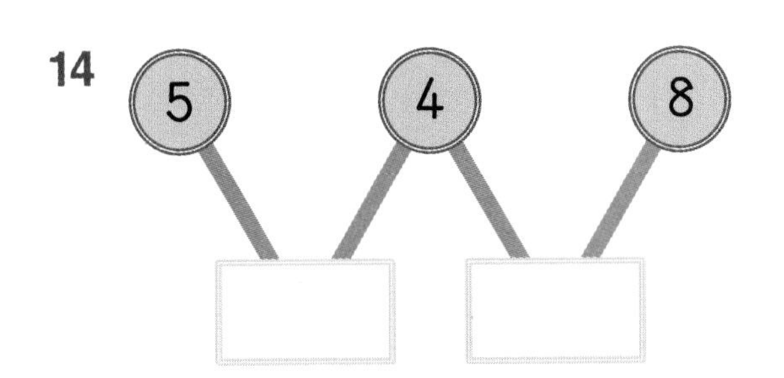

15
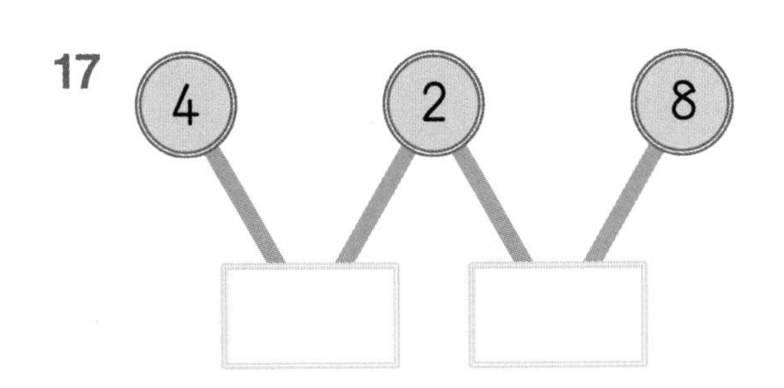

16
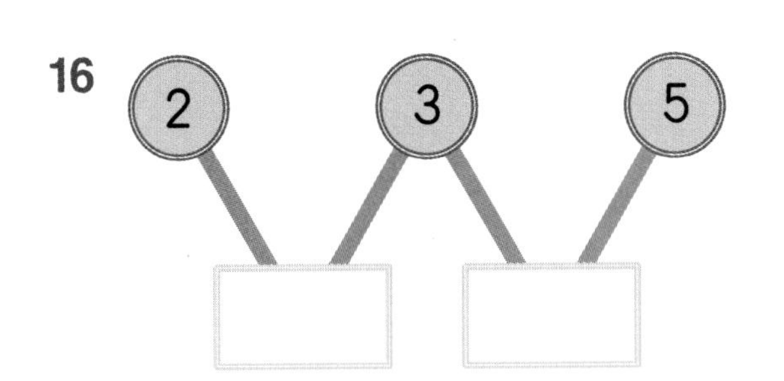

17

08 집중 연산 ❷

◐ 계산해 보세요.

1 3×9

3×5

2 4×7

4×6

3 2×3

2×2

4 4×3

4×8

5 5×8

5×9

6 3×7

3×8

7 5×2

5×7

8 2×4

2×5

9 4×2

4×5

10 2×6

2×9

11 3×2

3×4

12 5×4

5×5

13 3×6

3×3

14 4×4

4×9

15 2×7

2×8

16 5×4

5×7

17 2×6

2×4

18 3×5

3×4

19 4×6

4×5

20 3×3

3×9

21 5×6

5×8

22 2×5

2×7

23 5×5

5×9

24 3×4

3×8

25 4×8

4×7

26 3×6

3×7

27 2×9

2×8

28 5×3

5×7

29 2×8

2×5

30 4×9

4×2

09 집중 연산 ❸

◐ 계산해 보세요.

1 4×6

4×8

2 2×3

2×7

3 5×4

5×2

4 3×8

3×5

5 4×7

4×3

6 5×3

5×8

7 2×6

2×4

8 3×9

3×7

9 4×4

4×8

10 3×2

3×6

11 5×5

5×6

12 2×8

2×9

13 5×7

5×4

14 3×3

3×5

15 4×3

4×9

16 2×9

2×5

17 3×7

3×6

18 4×2

4×7

19 4×5

4×9

20 5×7

5×5

21 3×4

3×9

22 2×2

2×7

23 3×2

3×5

24 5×9

5×3

25 4×6

4×3

26 5×4

5×9

27 3×3

3×8

28 5×8

5×2

29 2×2

2×6

30 4×2

4×8

2 곱셈구구 (2)

수학스타M
아 아
마이크 체크
1, 2.

수학스타M
'수학스타 M'에
많은 분들이
와 주셨는데요.
와~ 와~

우승자에게는 숫자 요정이
어떤 소원이든지 소원 한 가지를
들어 줍니다.

우승해서
사람이 될 거야.
빵, 피자, 치킨, ….
으아~ 먹고 싶어!
침 질질

자, 그럼 예선전을
시작하겠습니다.

드디어 시작이야~!
우승은 내 거야~.

첫 번째 문제.
앞에 사과가 한 묶음에
7개씩 4묶음이
있습니다.

사과는 모두
몇 개일까요?
너무 쉽잖아~
7단 곱셈구구
를 이용하면
돼.
7단 곱셈구구라 ….

학습내용

- ▶ 6~9단 곱셈구구
- ▶ 6~9단 곱셈구구와 덧셈식의 관계
- ▶ 1단 곱셈구구, 0과 어떤 수의 곱
- ▶ 곱셈표 만들기
- ▶ 곱셈표에서 규칙 찾기

연산력 게임

스마트폰을 이용하여 QR을 찍으면 재미있는 연산 게임을 할 수 있습니다.

01 6단 곱셈구구

6단 곱셈구구 알아보기

6개씩 1묶음

6×1 6×2 6×3 6×4 6×5 6×6 6×7 6×8 6×9

묶음 수

×	1	2	3	4	5	6	7	8	9
6	6	12	18	24	30	36	42	48	54

★의 개수 +6 +6 +6 +6 +6 +6 +6 +6

● 곱셈을 하여 공깃돌의 개수를 구하세요.

1 6×1=□

2 6×2=□

3 6×□=□

4 6×□=□

5 6×□=□

6 6×□=□

7 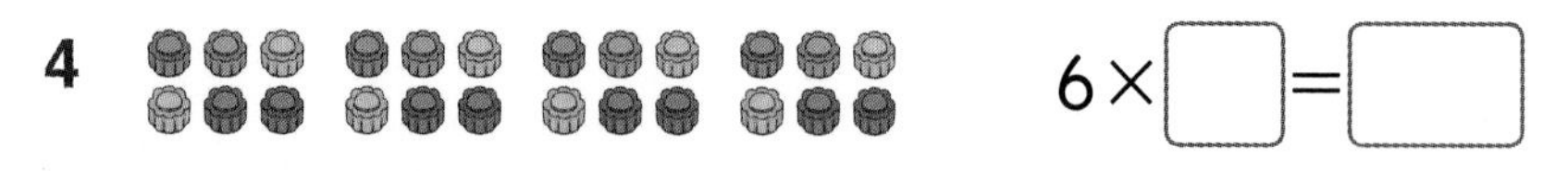 6×□=□

8 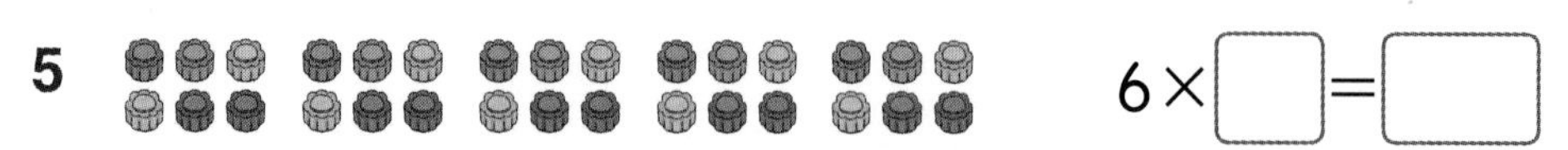 6×□=□

9 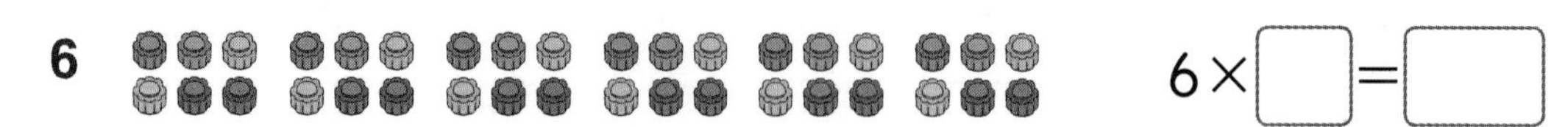 6×□=□

6단은
6씩 커져요.

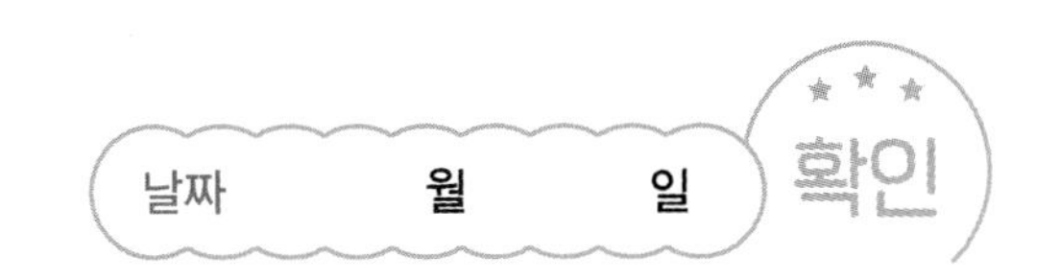

● 과일 꼬치 한 개에 과일을 6조각씩 꽂았습니다. 꼬치에 꽂은 과일은 모두 몇 조각인지 곱셈식으로 알아보세요.

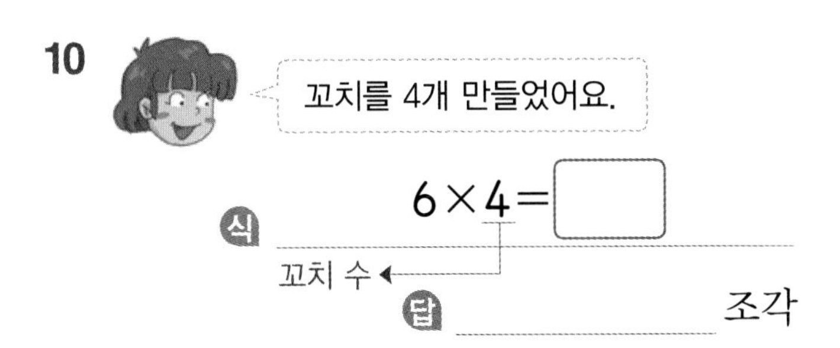

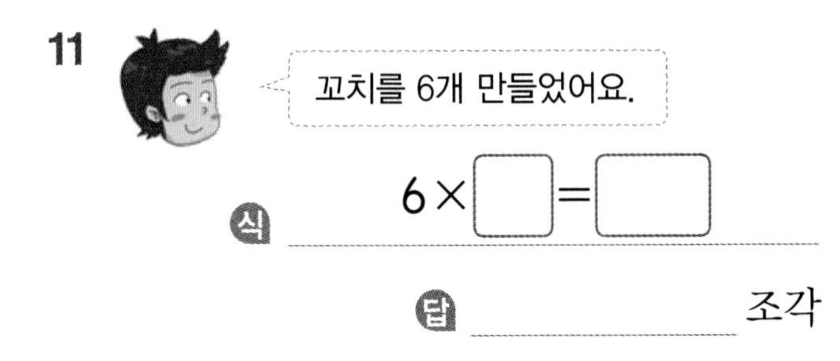

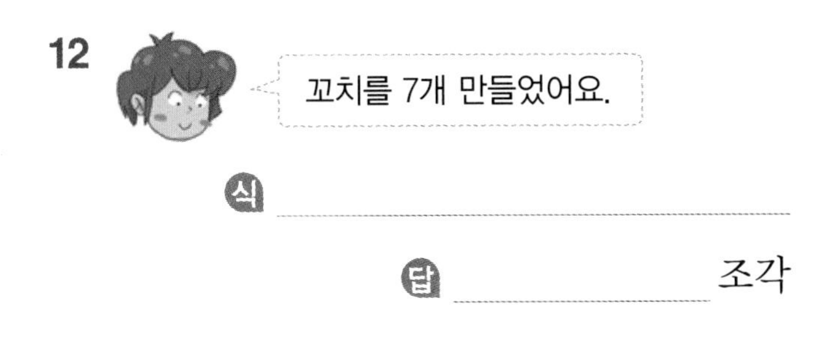

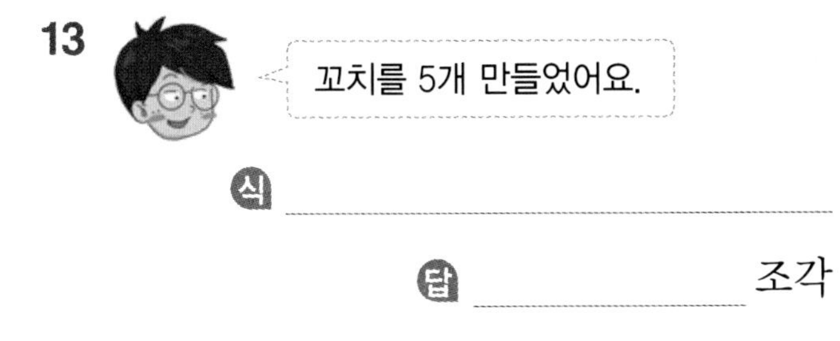

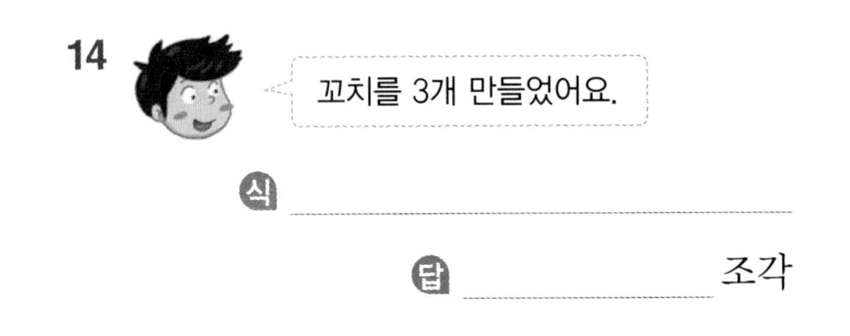

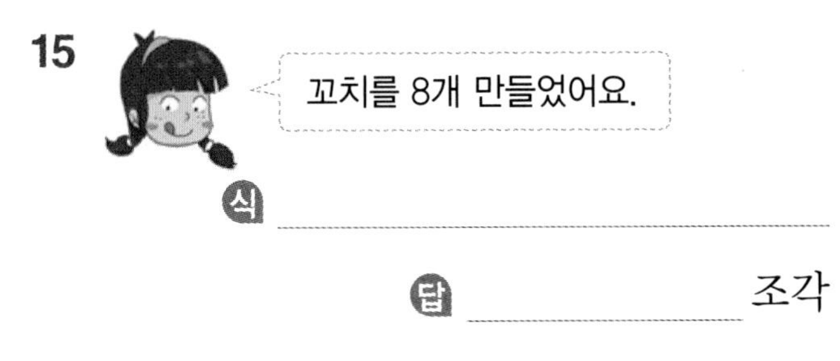

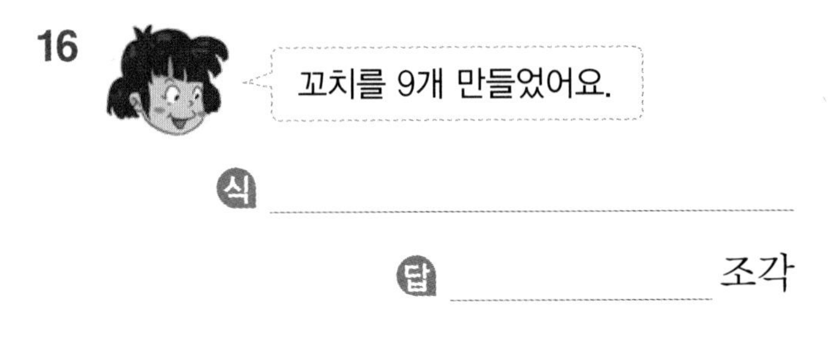

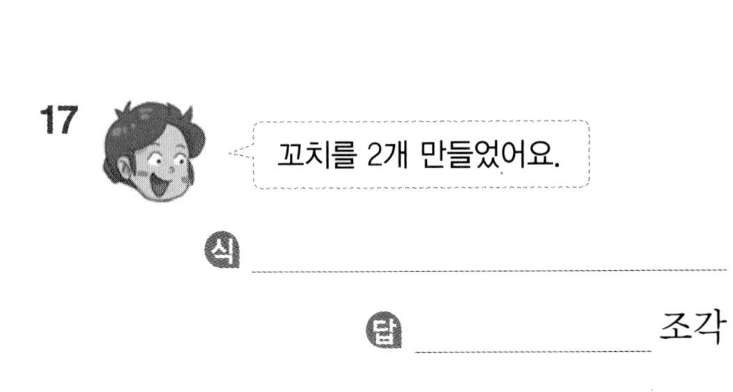

02 7단 곱셈구구

7단 곱셈구구 알아보기

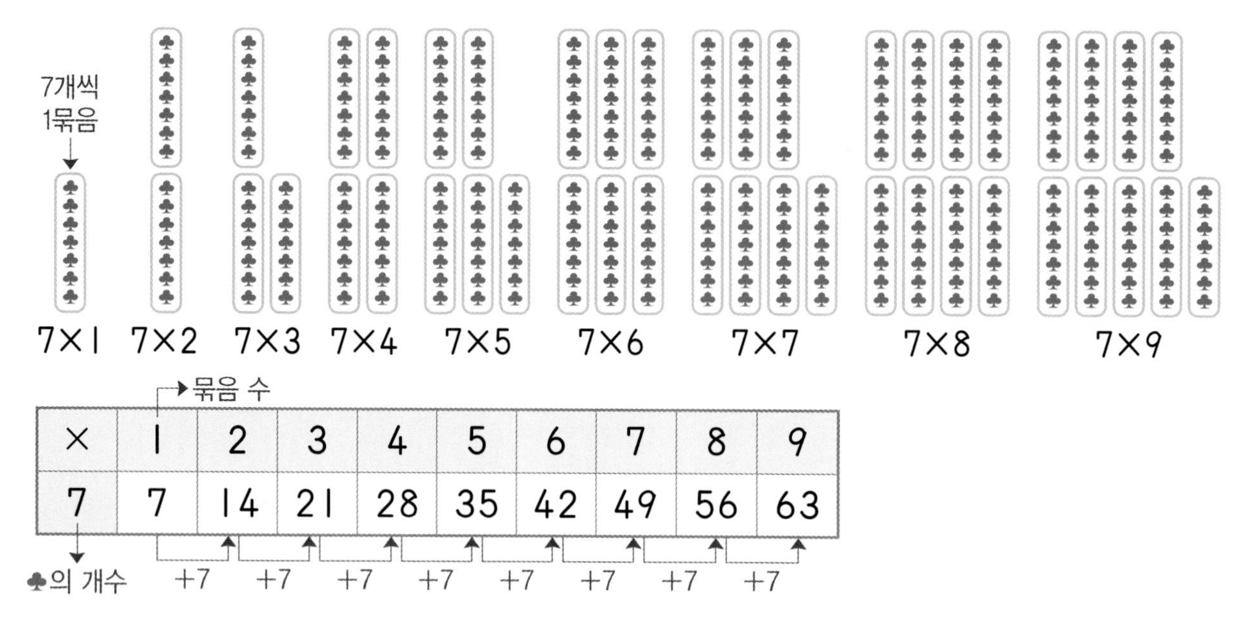

×	1	2	3	4	5	6	7	8	9
7	7	14	21	28	35	42	49	56	63

● 곱셈을 하여 보석의 개수를 구하세요.

1 $7\times1=\square$

2 $7\times2=\square$

3 $7\times\square=\square$

4 $7\times\square=\square$

5 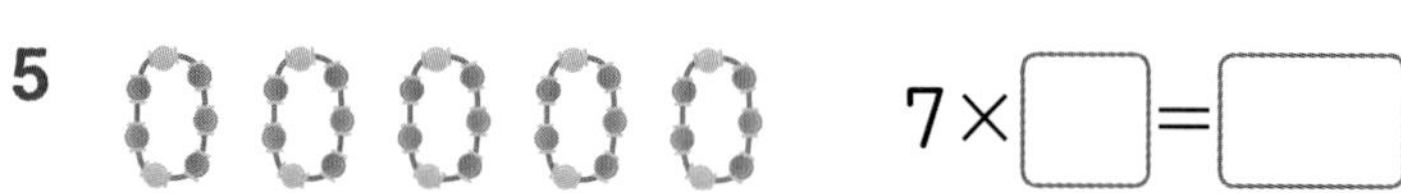 $7\times\square=\square$

6 $7\times\square=\square$

7 $7\times\square=\square$

8 $7\times\square=\square$

9 $7\times\square=\square$

팔찌 한 개에는 보석이 7개씩 있어요.

● 트럭별로 배달한 망고는 모두 몇 개인지 곱셈식으로 알아보세요.

한 상자에 7개씩 담았어요.

10

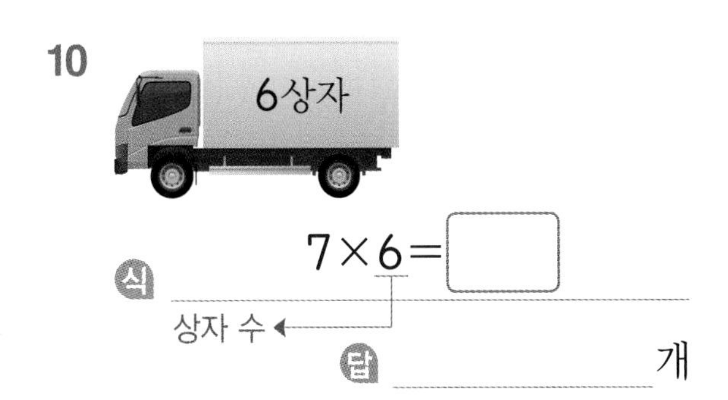

식 $7 \times 6 = \square$

상자 수

답 ______ 개

11

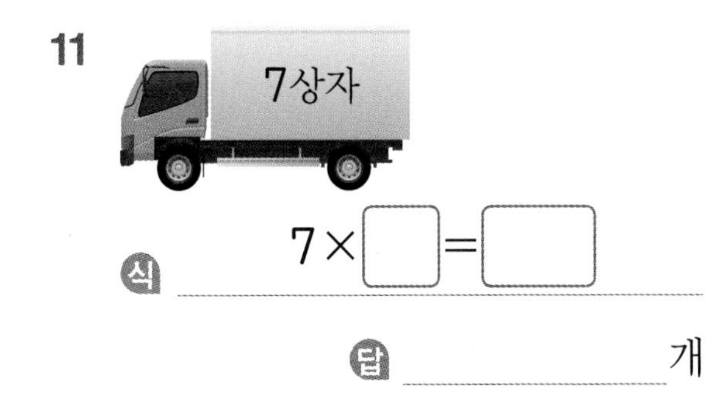

식 $7 \times \square = \square$

답 ______ 개

12

식 ______

답 ______ 개

13

식 ______

답 ______ 개

14

식 ______

답 ______ 개

15

식 ______

답 ______ 개

16

식 ______

답 ______ 개

17

식 ______

답 ______ 개

03 8단 곱셈구구

✣ 8단 곱셈구구 알아보기

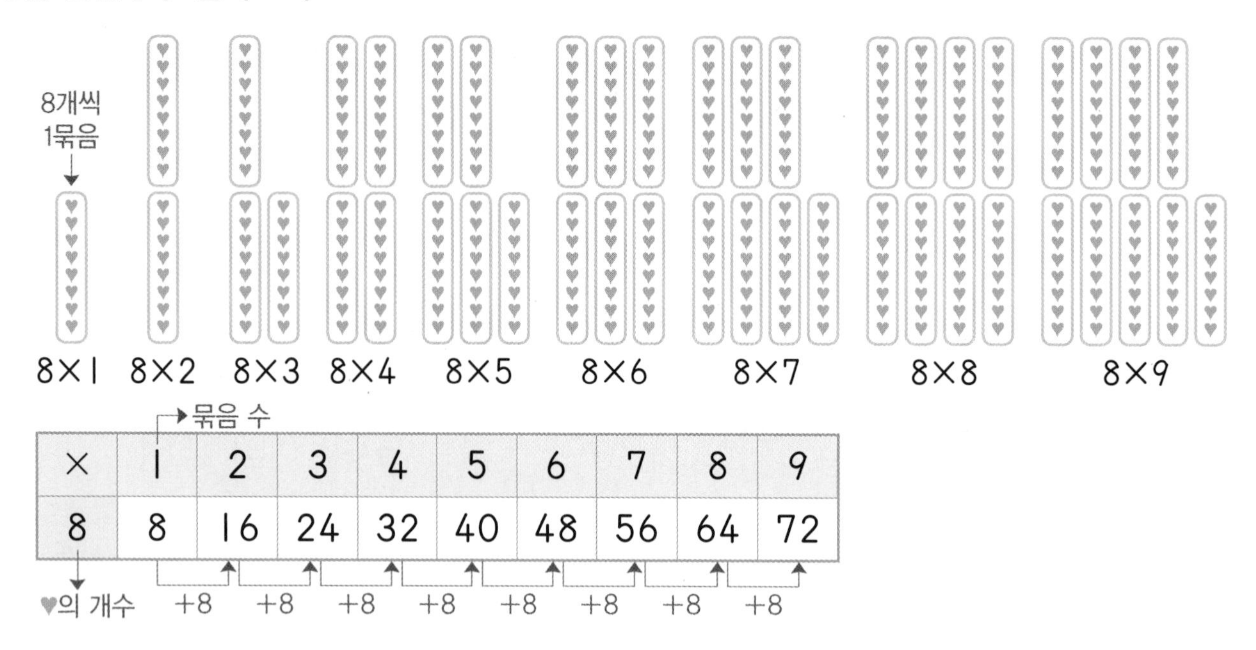

×	1	2	3	4	5	6	7	8	9
8	8	16	24	32	40	48	56	64	72

◑ 곱셈을 하여 사과의 개수를 구하세요.

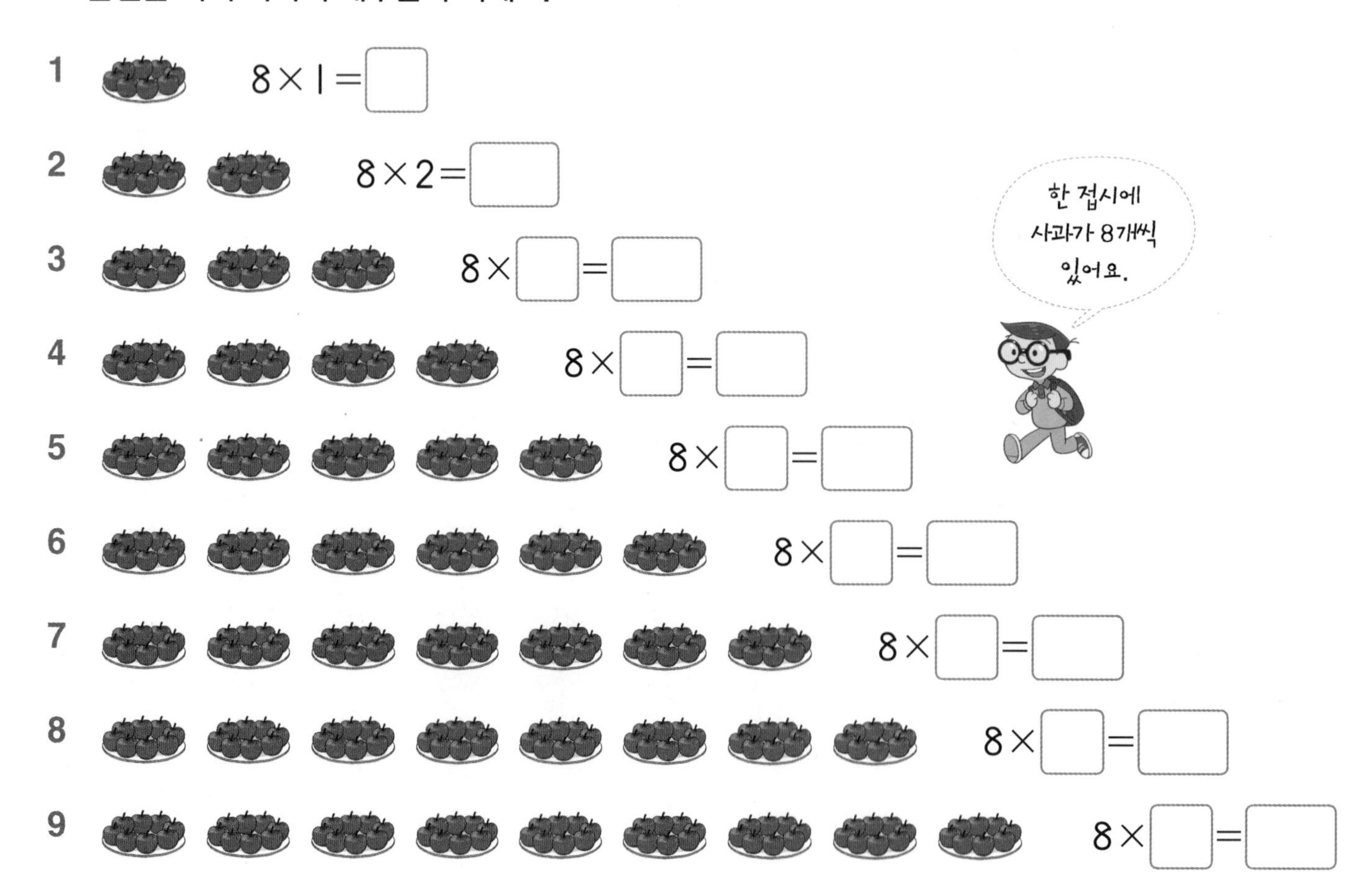

1 8×1=□

2 8×2=□

3 8×□=□

4 8×□=□

5 8×□=□

6 8×□=□

7 8×□=□

8 8×□=□

9 8×□=□

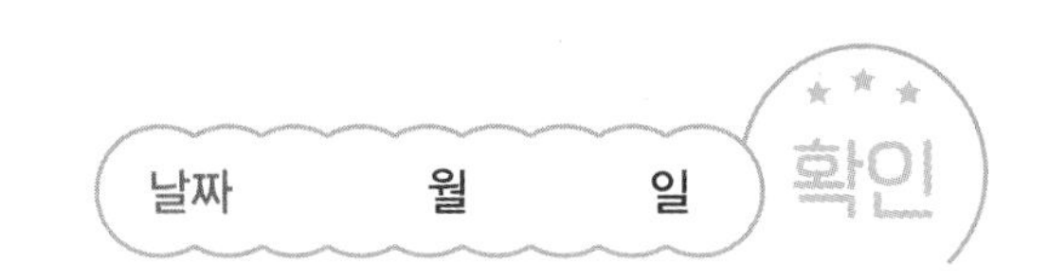

● 8단 곱셈구구를 바르게 한 것에 모두 ○표 하세요.

10

( )

8×4=32
( )

( )

11

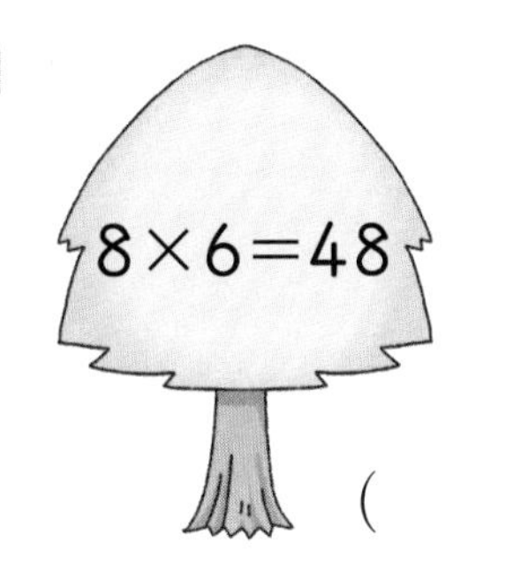

( )

8×9=81
( )

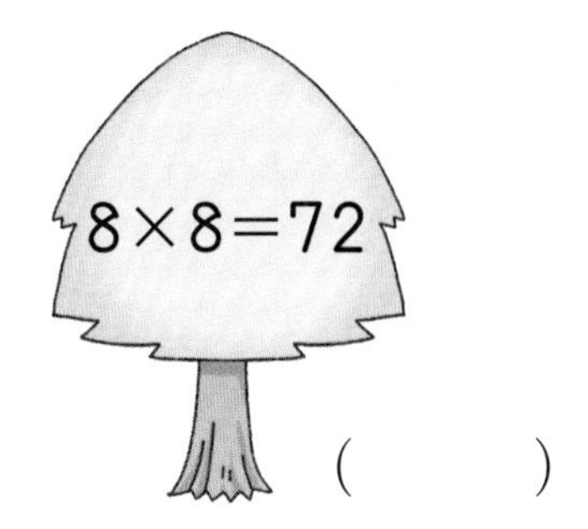

( )

12

( )

8×7=56
( )

( )

13

( )

( )

( )

04 9단 곱셈구구

✣ 9단 곱셈구구 알아보기

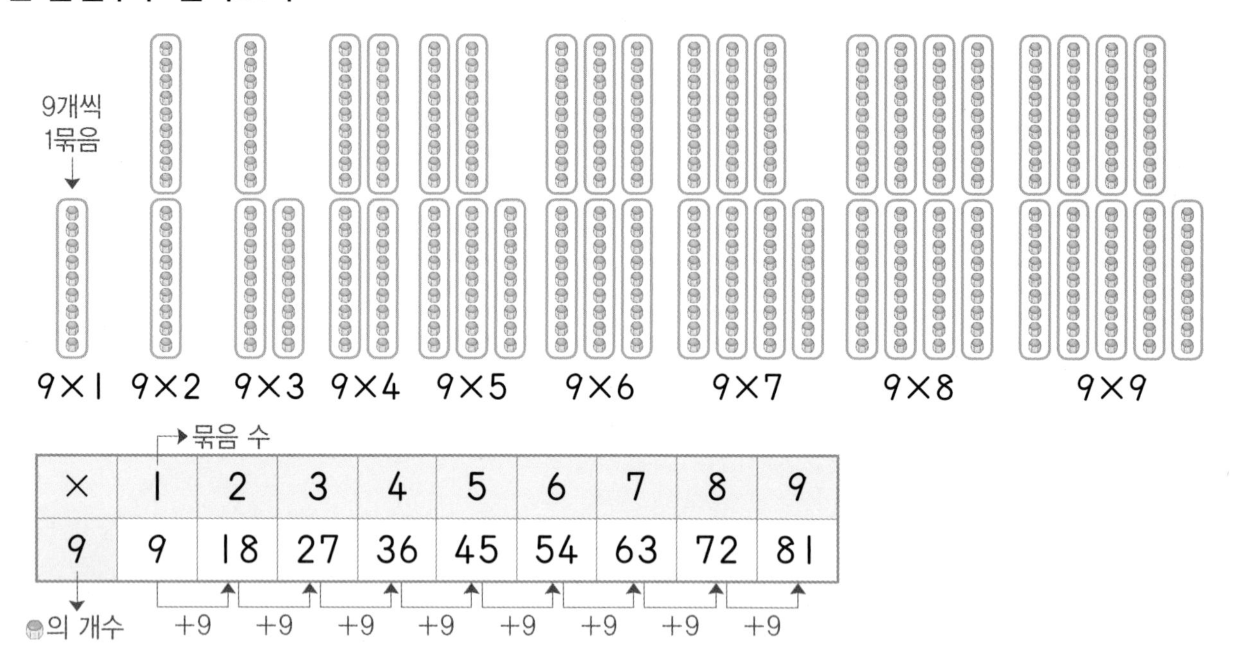

×	1	2	3	4	5	6	7	8	9
9	9	18	27	36	45	54	63	72	81

● 곱셈을 하여 테이프의 개수를 구하세요.

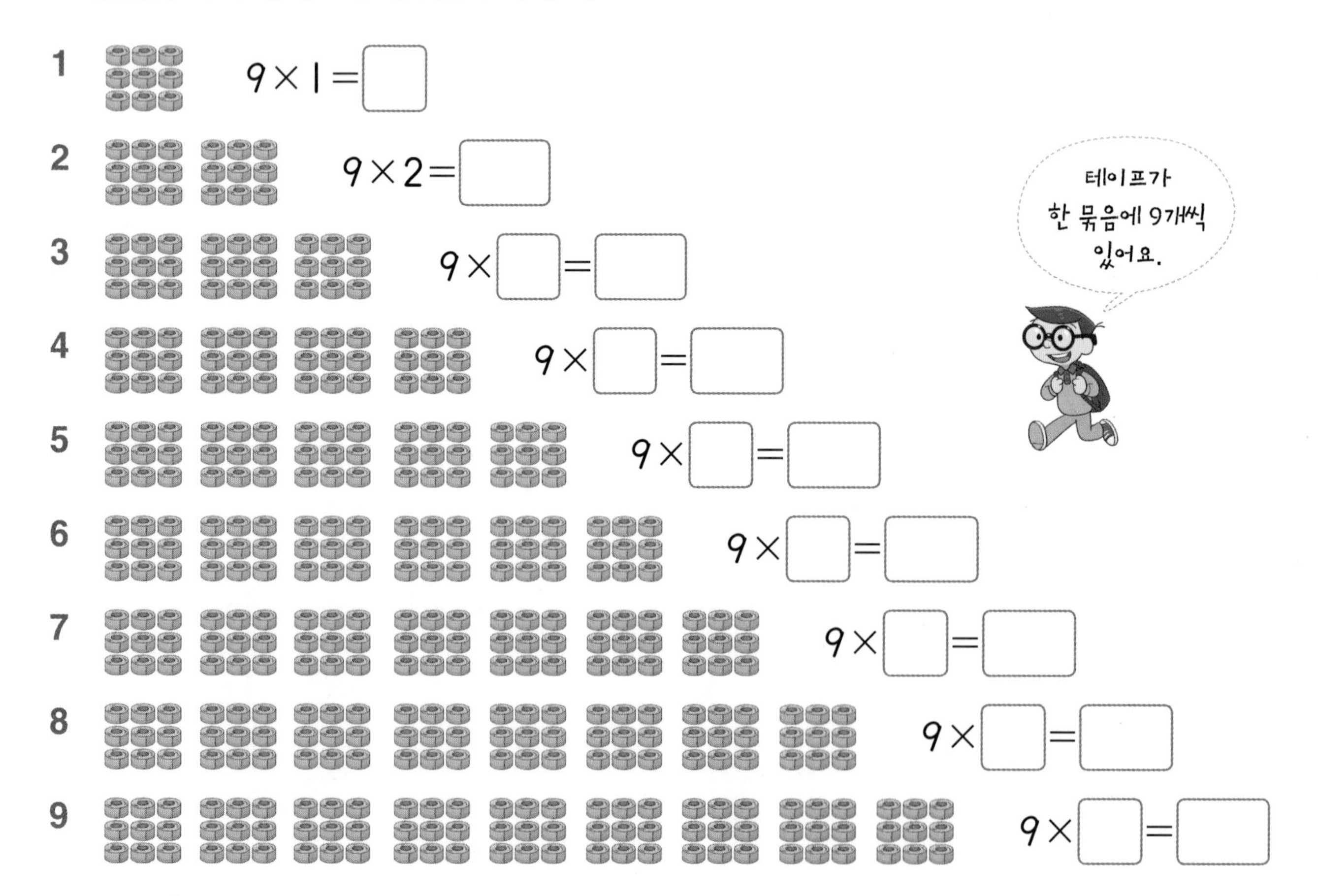

1 $9\times1=\square$

2 $9\times2=\square$

3 $9\times\square=\square$

4 $9\times\square=\square$

5 $9\times\square=\square$

6 $9\times\square=\square$

7 $9\times\square=\square$

8 $9\times\square=\square$

9 $9\times\square=\square$

● 자판기에 들어 있는 음료수는 종류별로 각각 몇 개인지 곱셈식으로 알아보세요.

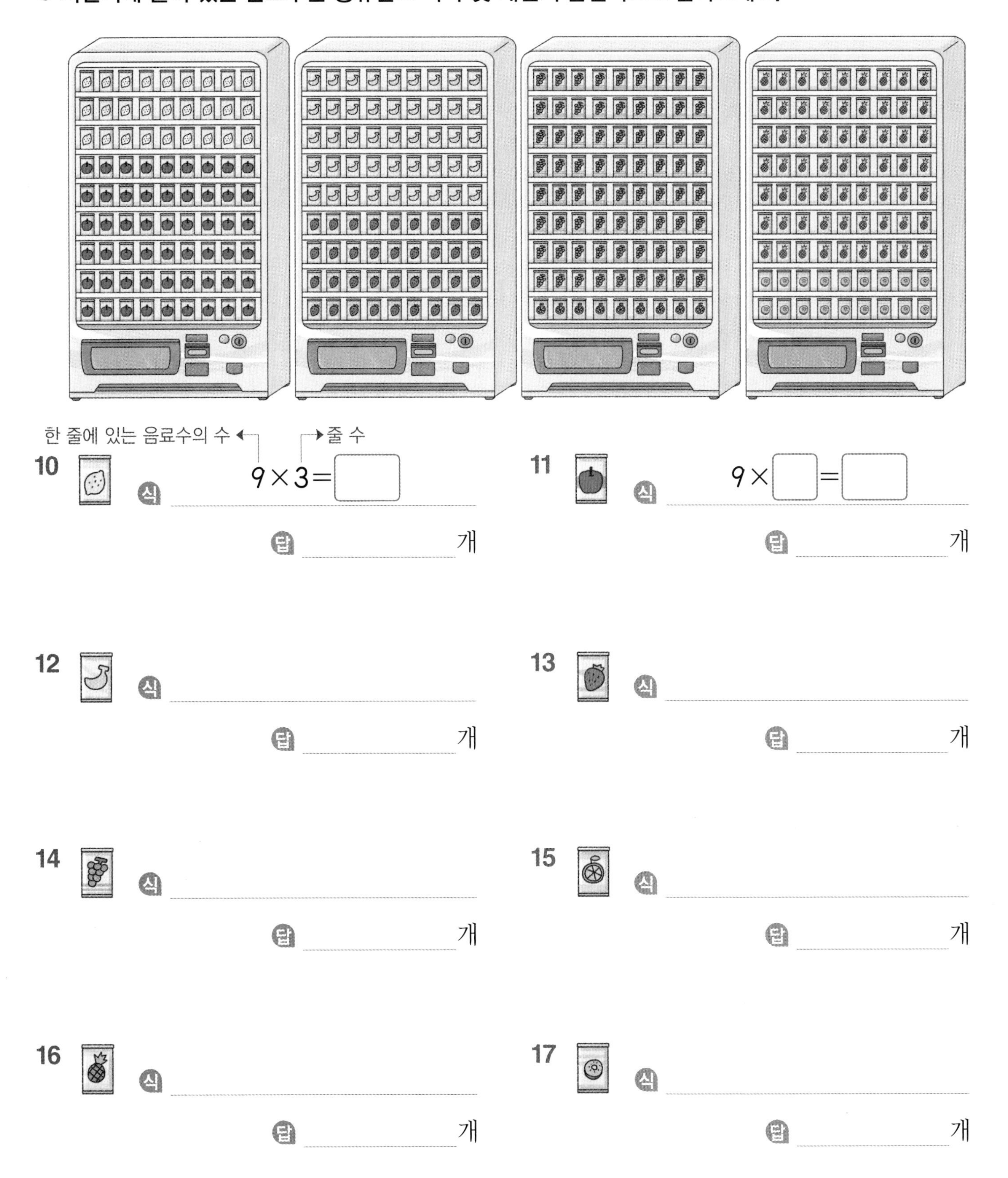

한 줄에 있는 음료수의 수 ← → 줄 수

10 식 $9 \times 3 = \square$

답 ______ 개

11 식 $9 \times \square = \square$

답 ______ 개

12 식 ______

답 ______ 개

13 식 ______

답 ______ 개

14 식 ______

답 ______ 개

15 식 ______

답 ______ 개

16 식 ______

답 ______ 개

17 식 ______

답 ______ 개

05 6, 7, 8, 9단 곱셈구구

✢ 6, 7, 8, 9단 곱셈구구 알아보기

• 6단 곱셈구구

→6씩 커져요.

6 6 6 6 6 6 6 6 6

0 6 12 18 24 30 36 42 48 54

• 7단 곱셈구구

→7씩 커져요.

7 7 7 7 7 7 7 7 7

0 7 14 21 28 35 42 49 56 63

• 8단 곱셈구구

→8씩 커져요.

8 8 8 8 8 8 8 8 8

0 8 16 24 32 40 48 56 64 72

• 9단 곱셈구구

→9씩 커져요.

9 9 9 9 9 9 9 9 9

0 9 18 27 36 45 54 63 72 81

◐ 수직선을 보고 곱셈을 하세요.

1

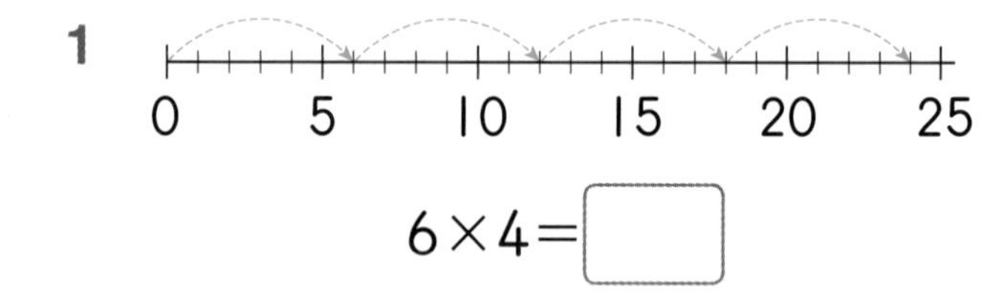

$6\times4=\square$

2

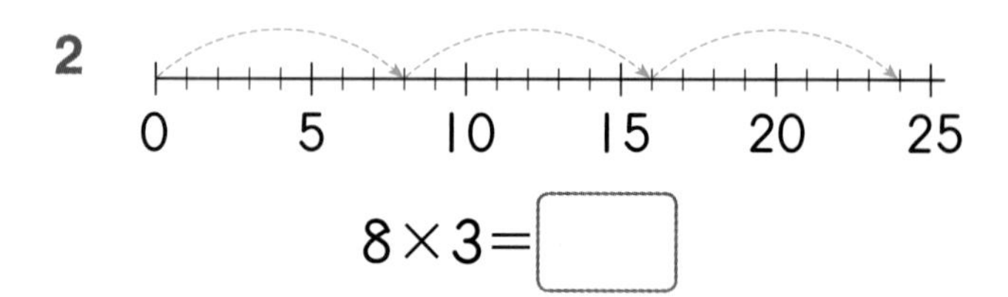

$8\times3=\square$

3

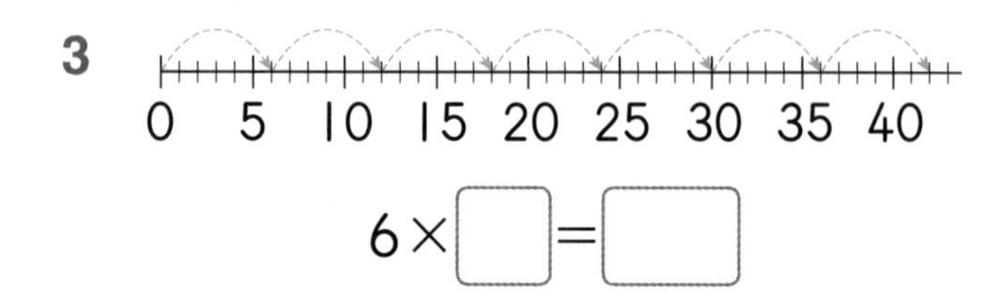

$6\times\square=\square$

4

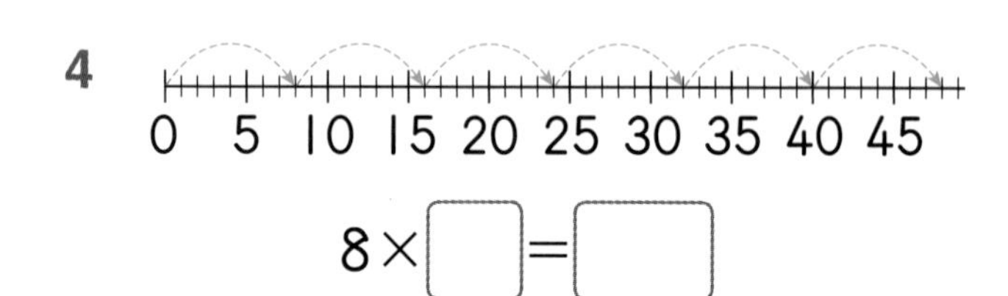

$8\times\square=\square$

5

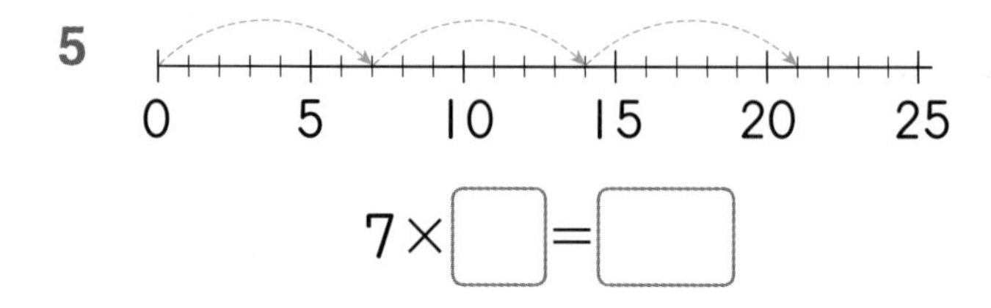

$7\times\square=\square$

6

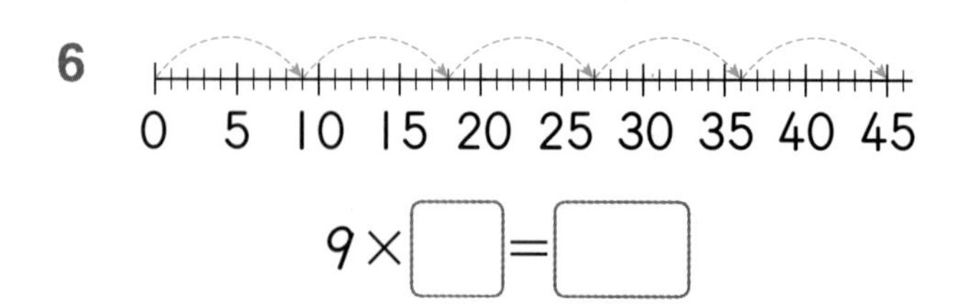

$9\times\square=\square$

7

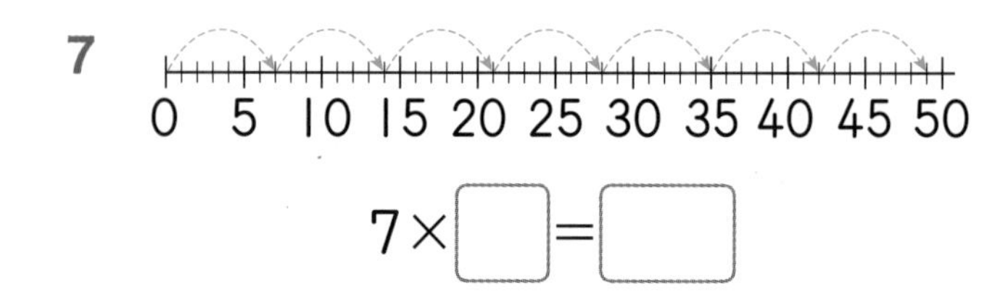

$7\times\square=\square$

8

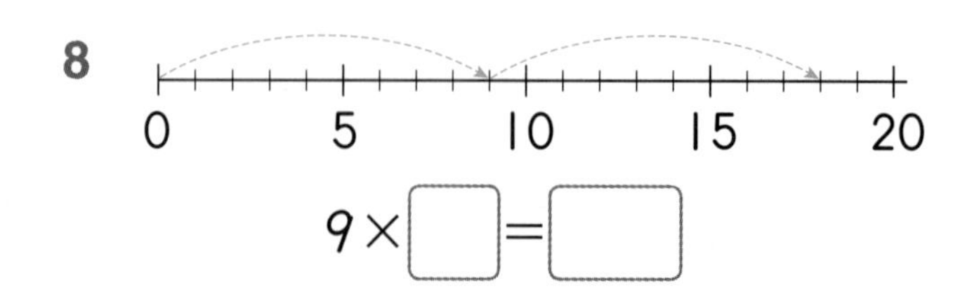

$9\times\square=\square$

● ▢ 안에 알맞은 수를 써넣으세요.

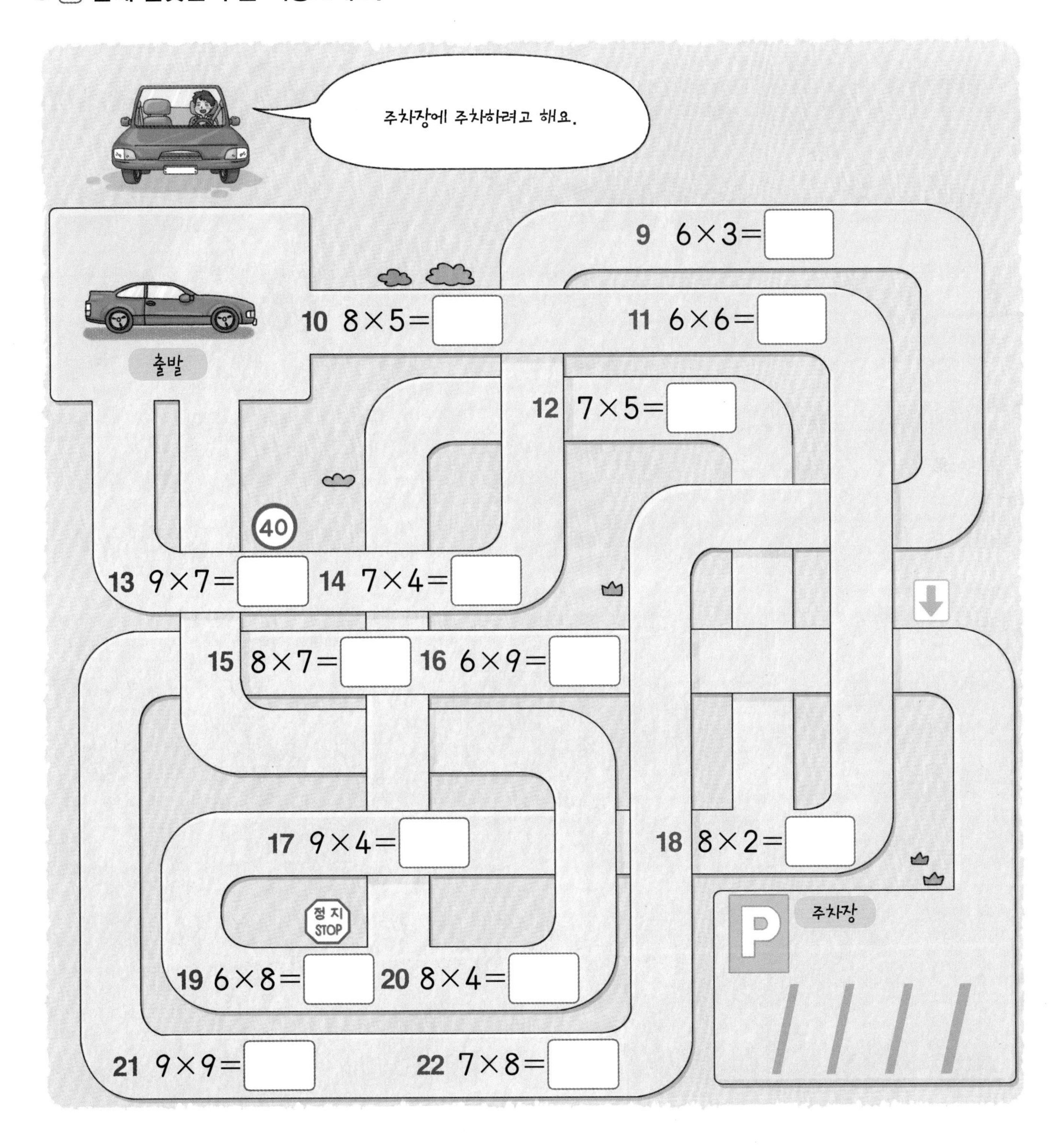

자동차가 주차장까지 가는 길을 선으로 그어 보세요.

06 6~9단 곱셈구구와 덧셈식의 관계

✢ 6~9단 곱셈구구와 덧셈식의 관계 알아보기

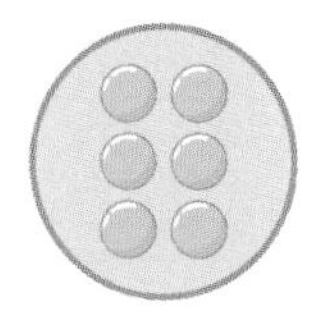 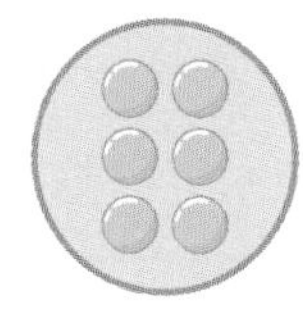 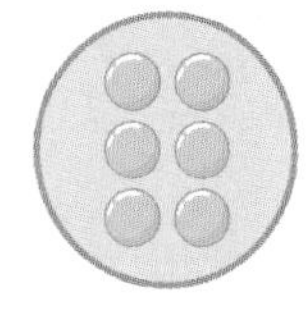 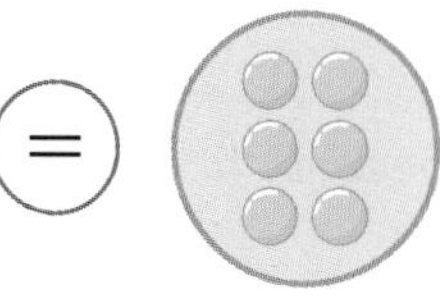 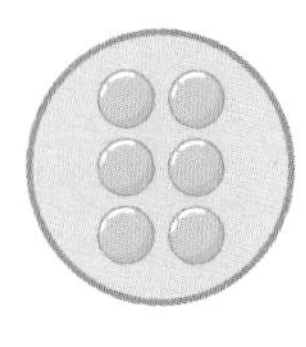 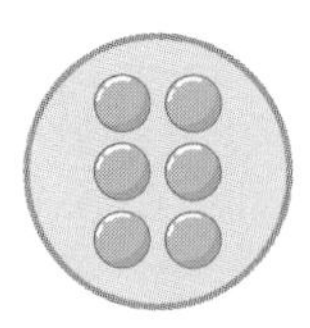

$6 \times 3 = 6 \times 2 + 6$

6을 3번 더한 것 / 6을 2번 더한 것

6을 더해야 계산 결과가 같아져요.

$6 \times 3 = 6 + 6 + 6$
$6 \times 2 = 6 + 6$
이므로 6×3과 같게 하려면 6×2에 6을 더해요.

◐ ☐ 안에 알맞은 수를 써넣으세요.

1 $6 \times 4 = 6 \times 3 + \square$

2 $9 \times 5 = 9 \times \square + 9$

3 $8 \times 6 = 8 \times 5 + \square$

4 $7 \times 7 = 7 \times \square + 7$

5 $9 \times 8 = 9 \times 7 + \square$

6 $8 \times 9 = 8 \times \square + 8$

7 $7 \times 5 = 7 \times 4 + \square$

8 $6 \times 3 = 6 \times \square + 6$

9 $8 \times 7 = 8 \times 6 + \square$

10 $7 \times 8 = 7 \times \square + 7$

11 $6 \times 9 = 6 \times 8 + \square$

12 $9 \times 6 = 9 \times \square + 9$

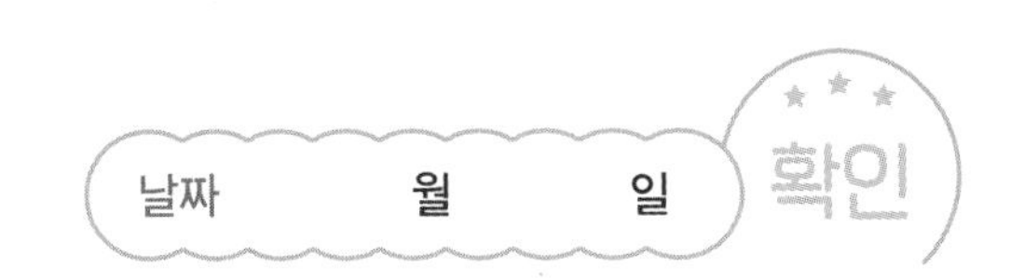

● ☐ 안에 알맞은 수를 써넣으세요.

13 색

$8\times4=8\times3+\square$

14 일

$7\times5=7\times\square+7$

15 깔

$9\times3=9\times2+\square$

16 비

$6\times4=6\times\square+6$

17 지

$7\times9=7\times8+\square$

18 늘

$8\times3=8\times\square+8$

19 가

$6\times5=6\times4+\square$

20 하

$9\times2=9\times\square+9$

21 곱

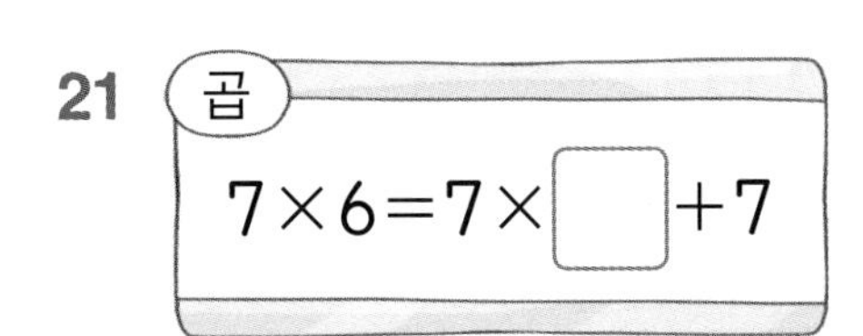

$7\times6=7\times\square+7$

☐ 안의 수에 해당하는 글자를 빈칸에 써넣으면 어떤 단어의 힌트가 돼요. 이 단어는 무엇일까요?

연상퀴즈

1	2		3		4	5	6	7	8	9
		,		,						

07 1단 곱셈구구, 0과 어떤 수의 곱

✤ 1단 곱셈구구 알아보기

$1 \times 3 = 3$, $3 \times 1 = 3$

1×◆, ◆×1의 계산 결과는 항상 ◆이 돼요.

✤ 0과 어떤 수의 곱 알아보기

0×♥, ♥×0의 계산 결과는 항상 0이 돼요.

◑ ▢ 안에 알맞은 수를 써넣으세요.

1 $1 \times 2 = \square$
$1 \times 4 = \square$
$1 \times 6 = \square$

2 $1 \times 1 = \square$
$1 \times 3 = \square$
$1 \times 5 = \square$

3 $1 \times 7 = \square$
$1 \times 8 = \square$
$1 \times 9 = \square$

4 $2 \times 1 = \square$
$7 \times 1 = \square$
$9 \times 1 = \square$

5 $4 \times 1 = \square$
$6 \times 1 = \square$
$8 \times 1 = \square$

6 $5 \times 1 = \square$
$3 \times 1 = \square$
$4 \times 1 = \square$

7 $0 \times 5 = \square$
$0 \times 3 = \square$
$0 \times 2 = \square$

8 $0 \times 6 = \square$
$0 \times 8 = \square$
$0 \times 9 = \square$

9 $7 \times 0 = \square$
$4 \times 0 = \square$
$2 \times 0 = \square$

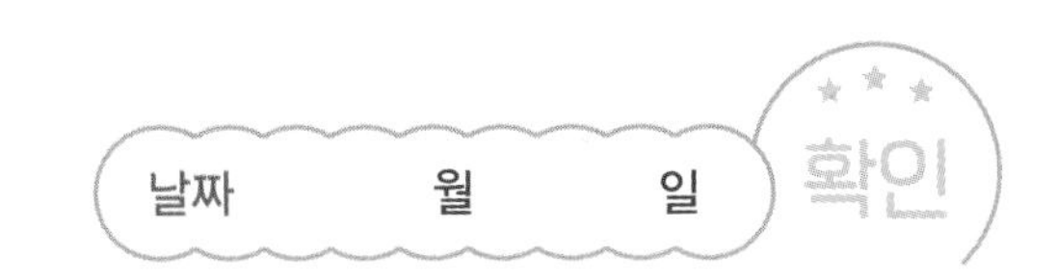

● 빵의 수를 곱셈식으로 알아보세요.

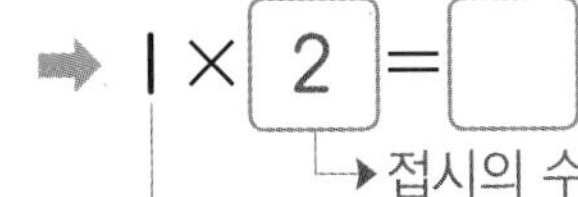

➡ $1 \times$ [2] = [ ]

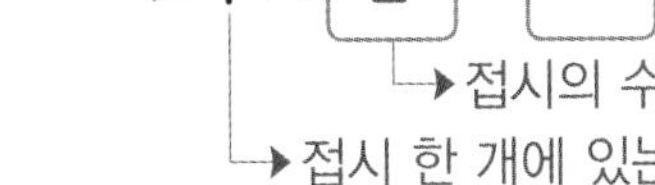

➡ $0 \times$ [3] = [ ]

→ 접시의 수

→ 접시 한 개에 있는 빵의 수

12

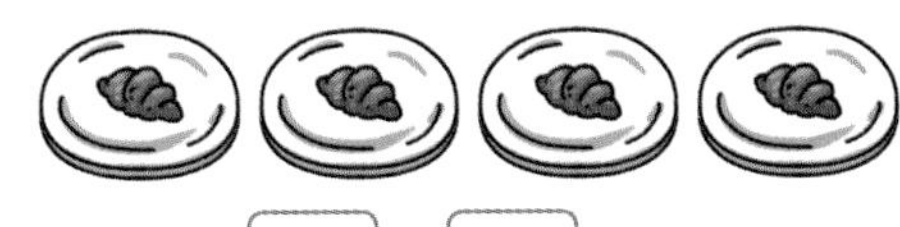

➡ $1 \times$ [ ] = [ ]

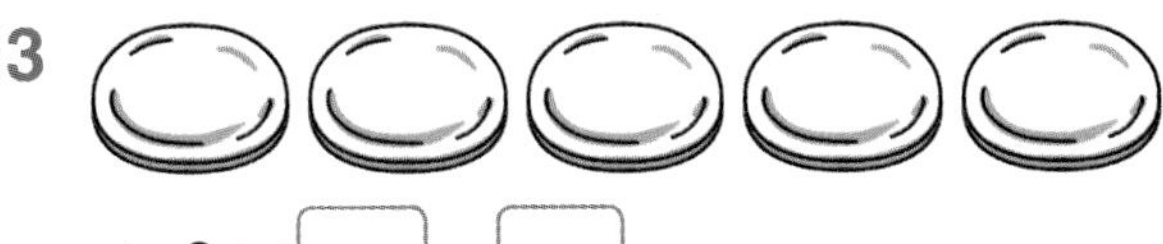

➡ $0 \times$ [ ] = [ ]

14

➡ [ ] $\times 7 =$ [ ]

15

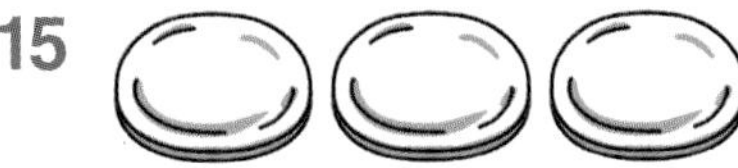

➡ [ ] $\times 6 =$ [ ]

16

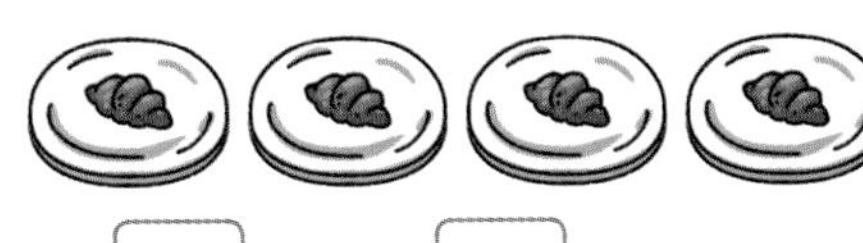

➡ [ ] $\times 8 =$ [ ]

17

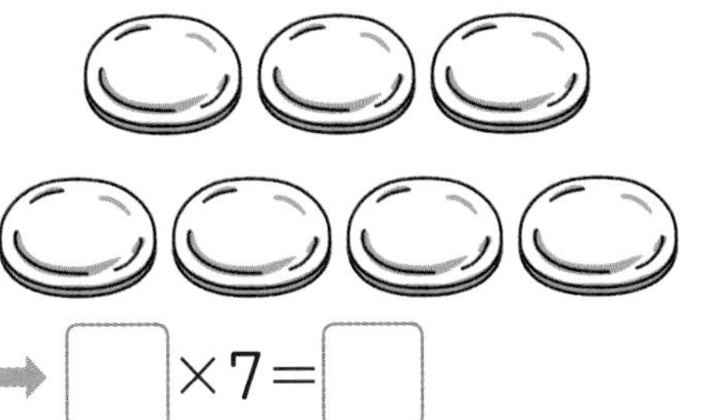

➡ [ ] $\times 7 =$ [ ]

18

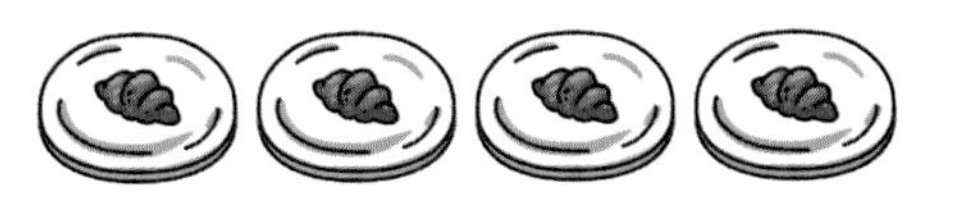

➡ [ ] $\times 9 =$ [ ]

19

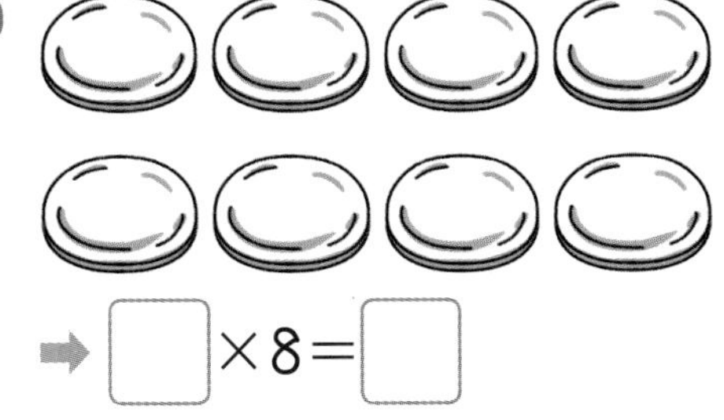

➡ [ ] $\times 8 =$ [ ]

08 곱셈표 만들기

✤ 곱셈표 만들기

×	1	2	3	4
1	1	2	3	4
2	2	4	6	8
3	3	6	9	12
4	4	8	12	16

가로줄의 1, 세로줄의 4의 곱
➡ $1 \times 4 = 4$

$2 \times 3 = 6$, $3 \times 2 = 6$

곱하는 두 수의
순서를 바꾸어도
곱이 같아요.

◑ 빈칸에 알맞은 수를 써넣어 곱셈표를 완성해 보세요.

1

×	1	2	3	4
2	2			
3			9	
4		8		
5	5			20

2

×	2	3	4	5
6		18		
7				35
8	16		32	
9			36	

3

×	6	7	8	9
4		28		
5		35	40	
6				54
7	42			

4

×	4	5	6	7
3	12	15		
4		20	24	
5				
6				42

● 빈칸에 알맞은 수를 써넣어 곱셈표를 완성해 보세요.

5

×	1	2	3	4
4	4			16
5		10		
6			18	24
7	7			28

6

×	2	3	4	5
5	10			25
6			24	
7		21		
8			32	

7

×	3	4	5	6
6		24		
7		28		
8	24			
9			45	

8

×	5	6	7	8
1	5			
2			14	
3				
4				32

9

×	6	7	8	9
2	12			
3				
4		28		
5				

10

×	4	5	6	7
5		25		
6	24			
7		35		
8				

09 곱셈표에서 규칙 찾기

✣ 곱셈표에서 규칙 찾기

×	1	2	3	4	5	6
1	1	2	3	4	5	6
2	2	4	6	8	10	12
3	3	6	9	12	15	18
4	4	8	12	16	20	24
5	5	10	15	20	25	30
6	6	12	18	24	30	36

곱셈표를 점선을 따라 접었을 때 만나는 두 수는 서로 같습니다.

➡ $3\times4=4\times3$ (↳12, ↳12)

6단 곱셈구구에서는 곱이 6씩 커져요.

2단 : 곱의 일의 자리 수가 2, 4, 6, 8, 0으로 반복됩니다.

5단 : 곱의 일의 자리 수가 5, 0으로 반복됩니다.

◐ **오른쪽 곱셈표를 보고 ☐ 안에 알맞은 수를 써넣으세요.**

×	1	2	3	4	5	6	7
1	1	2	3	4	5	6	7
2	2	4	6	8	10	12	14
3	3	6	9		15	★	21
4	4	8	12	16	20	24	28
5	5	10	15	20	25	30	35
6	6		18	24	30	36	42
7	7	14	21	28	●	42	49

1 연두색으로 칠한 곳에 들어갈 수는 ☐입니다.

2 빨간색 선에 둘러싸인 수들은 ☐씩 커집니다.

3 노란색으로 색칠한 곳에 있는 수들은 ☐씩 커집니다.

4 7단 곱셈구구에서 6×7의 곱과 같은 곱셈구구는 $7\times$☐입니다.

5 점선을 따라 접었을 때 ●이 있는 칸과 만나는 곳에 있는 수는 ☐입니다.

6 점선을 따라 접었을 때 ★이 있는 칸과 만나는 곳에 있는 수는 ☐입니다.

● 곱셈표를 이용하여 게임판을 만들었습니다. 점선을 따라 접었을 때 각 말이 놓인 칸과 만나는 곳에 들어가는 수를 구하세요.

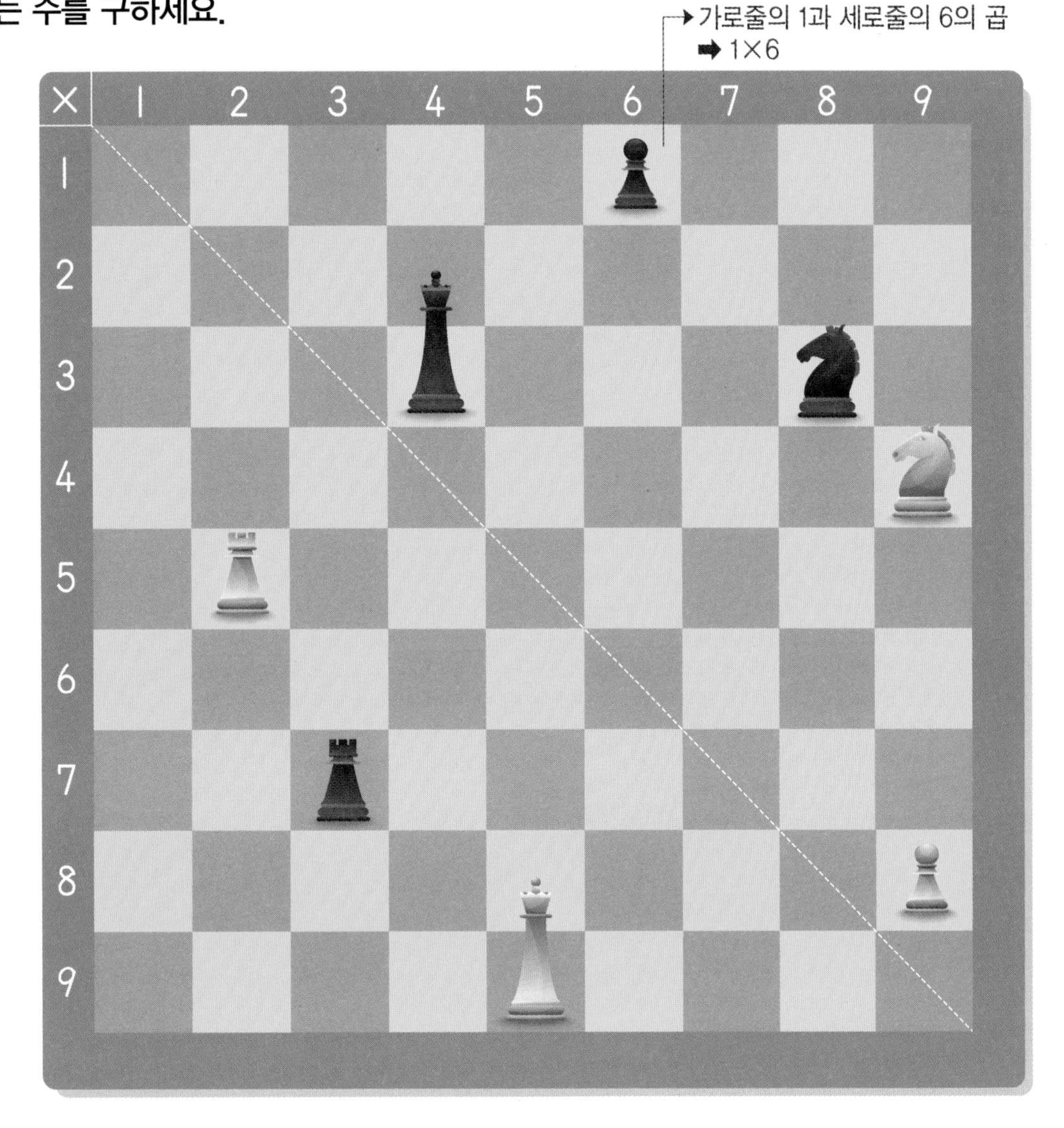

7 

8 

9 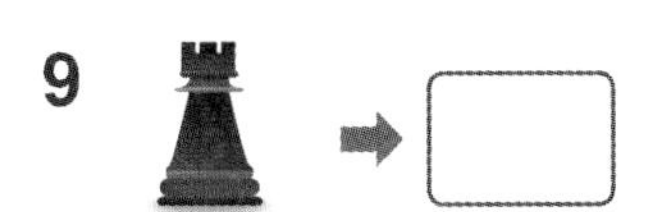

10 

11 

12 

13 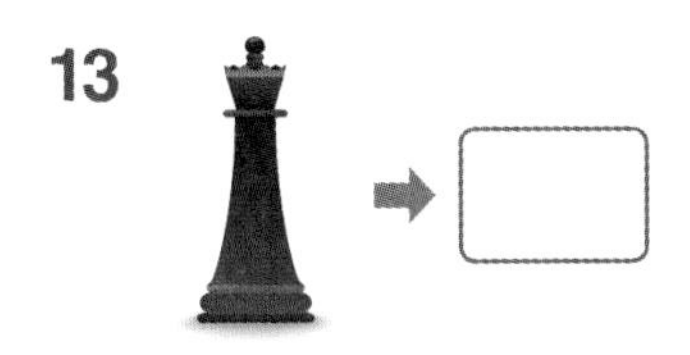

14 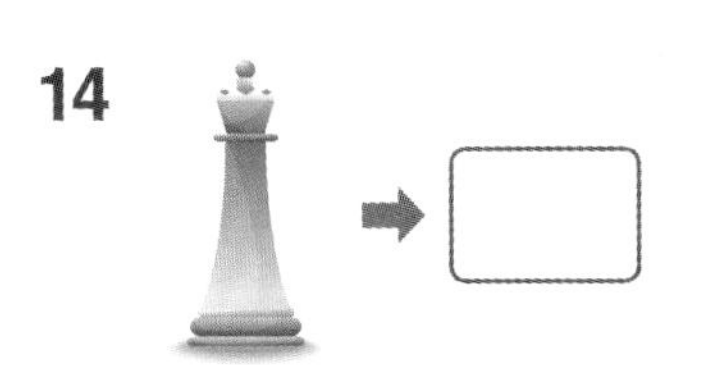

10 집중 연산 ❶

● ◯와 □ 안의 수의 곱을 빈칸에 써넣으세요.

1

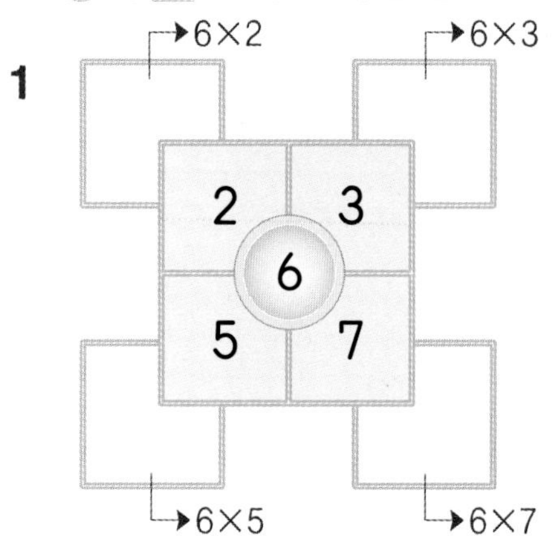

2

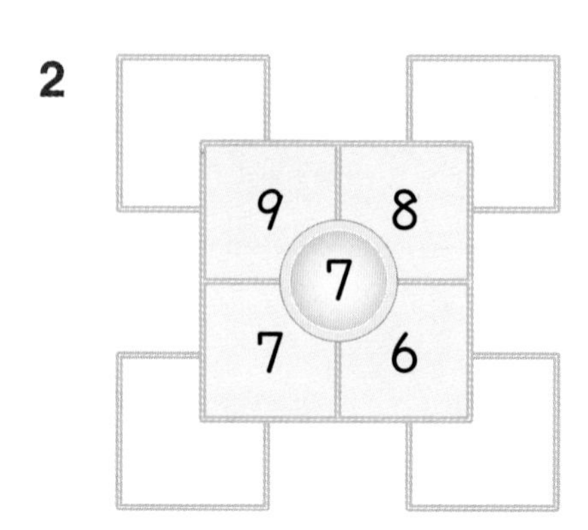

3

4
5
8
6
7

4

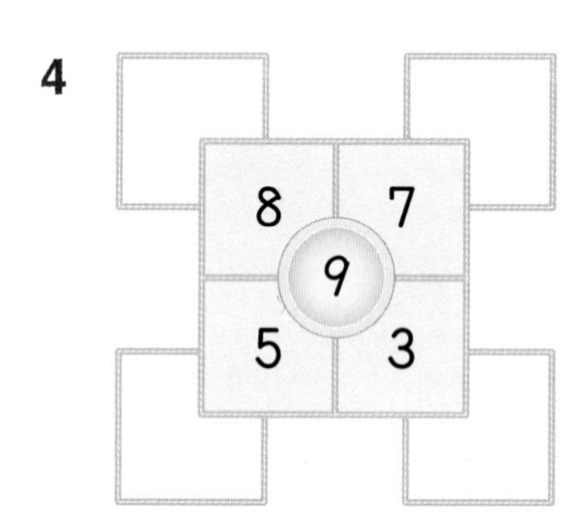

5

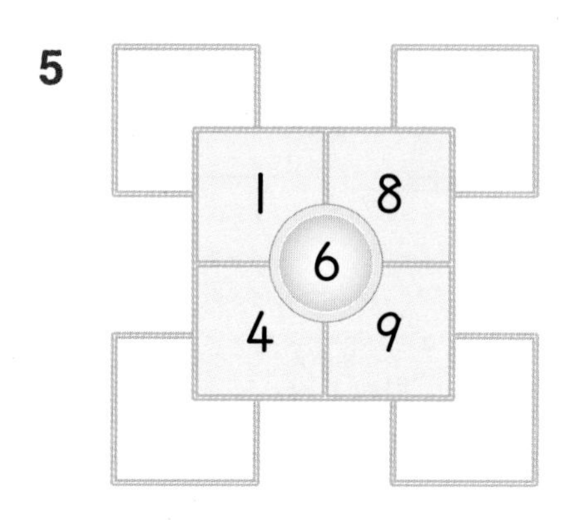

6

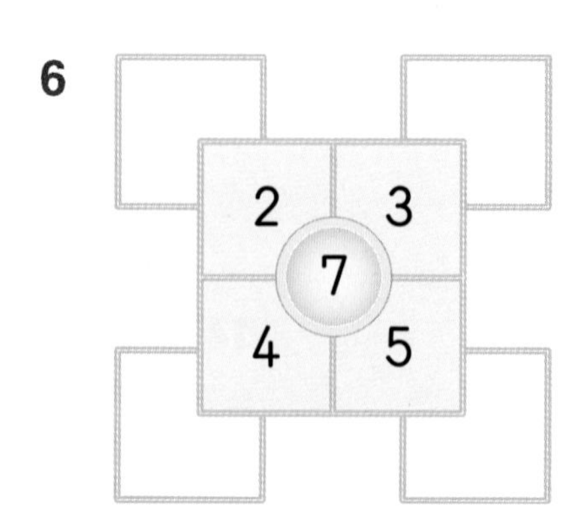

● 곱셈표를 완성해 보세요.

7

×	1	2	3
2			
3			
4			

8

×	2	3	4
5			
6			
7			

9

×	7	8	9
4			
5			
6			

10

×	6	7	8
1			
2			
3			

11

×	4	5	6
3			
4			
5			

12

×	3	4	5
6			
7			
8			

13

×	2	3	4
7			
8			
9			

14

×	5	6	7
4			
5			
6			

11 집중 연산 ❷

◑ 계산해 보세요.

1 6×9

6×5

2 7×7

7×6

3 8×3

8×2

4 7×3

7×6

5 9×8

9×9

6 6×7

6×8

7 9×2

9×7

8 8×4

8×5

9 7×4

7×5

10 8×6

8×3

11 6×6

6×4

12 9×6

9×5

13 6×8

6×3

14 7×4

7×9

15 8×6

8×8

16 9×5

9×7

17 8×7

8×5

18 6×4

6×8

19 8×2

8×8

20 7×8

7×4

21 9×3

9×7

22 6×5

6×3

23 9×8

9×4

24 8×8

8×9

25 7×3

7×7

26 6×7

6×2

27 9×2

9×9

28 8×4

8×7

29 7×6

7×2

30 6×4

6×9

12 집중 연산 ❸

◐ 계산해 보세요.

1 8×3

8×6

2 7×5

7×3

3 6×2

6×4

4 6×7

6×3

5 9×4

9×5

6 8×7

8×4

7 9×8

9×2

8 8×6

8×5

9 7×7

7×3

10 6×5

6×9

11 7×4

7×5

12 9×5

9×8

13 7×3

7×8

14 8×8

8×6

15 6×7

6×4

16 8×9

8×5

17 9×7

9×6

18 7×2

7×7

19 7×5

7×9

20 6×6

6×5

21 9×8

9×9

22 8×2

8×7

23 9×2

9×5

24 6×9

6×3

25 7×6

7×3

26 6×2

6×7

27 9×3

9×6

28 6×8

6×3

29 8×4

8×9

30 7×4

7×8

3 곱셈

네루 녀석, 먹을 거에 정신 팔려 탈락하다니….
아이쿠~

꼭 우승해서 저 피노키오 녀석을 괴롭혀 줄 테다!
앗싸~! 곱셈구구를 몰라도 하나씩 숫자를 세면 되겠군.

자, 다음 문제입니다. 곱셈구구에서 □의 값을 구하는 문제입니다.

6 × □ = 12
헉! 이런 문제를!!!

아, 피곤하구나! 난 좀 자야겠다.
스르르

할아버지!!
쿠울

이 할아버지는 자신이 모르면 주무시는군.

안타깝게도 할아버지는 주무셔서 탈락입니다.
쿨

학습내용

- 2~9단 곱셈구구를 이용하여 □의 값 구하기
- 2~9단 곱셈구구를 이용하여 개수 구하기
- 0의 곱과 1단 곱셈구구를 이용하여 □의 값 구하기
- 두 수를 바꾸어 곱하기
- 곱이 같은 곱셈구구

연산력 게임

스마트폰을 이용하여 QR을 찍으면 재미있는 연산 게임을 할 수 있습니다.

01 2, 3단 곱셈구구를 이용하여 □의 값 구하기

✣ 2, 3단 곱셈구구를 이용하여 □의 값 구하기

2단에서 곱이 8인 식을 찾아요.

$2\times\square=8$, $\square\times2=8$ ➡ $2\times4=8$이므로 $\square=4$

$3\times\square=6$, $\square\times3=6$ ➡ $3\times2=6$이므로 $\square=2$

3단에서 곱이 6인 식을 찾아요.

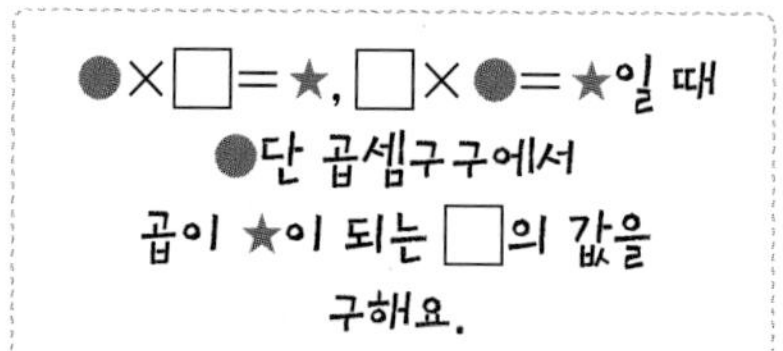

◐ □ 안에 알맞은 수를 써넣으세요.

1
$2\times\boxed{4}=8$
$2\times\square=10$
$2\times\square=14$

2
$3\times\boxed{2}=6$
$3\times\square=15$
$3\times\square=9$

3
$\boxed{3}\times2=6$
$\square\times2=4$
$\square\times2=12$

4
$2\times\square=4$
$2\times\square=6$
$2\times\square=12$

5
$3\times\square=21$
$3\times\square=12$
$3\times\square=24$

6
$\square\times3=27$
$\square\times3=18$
$\square\times3=15$

7
$2\times\square=16$
$2\times\square=18$
$2\times\square=2$

8
$3\times\square=27$
$3\times\square=18$
$3\times\square=3$

9
$\square\times2=18$
$\square\times2=14$
$\square\times2=10$

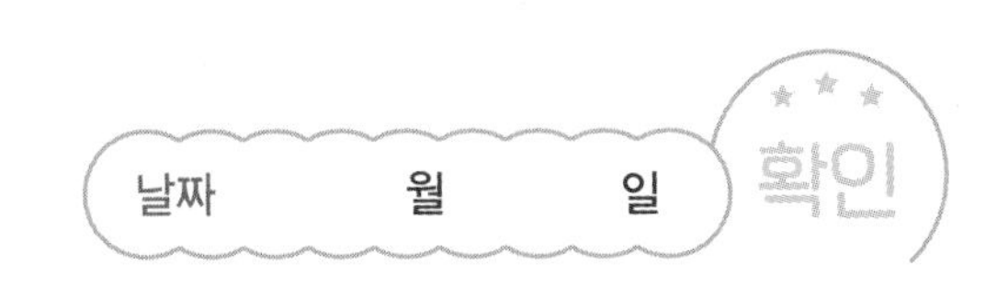

● 자전거의 바퀴 수를 보고 자전거는 몇 대인지 곱셈식으로 알아보세요.

10

바퀴 21개

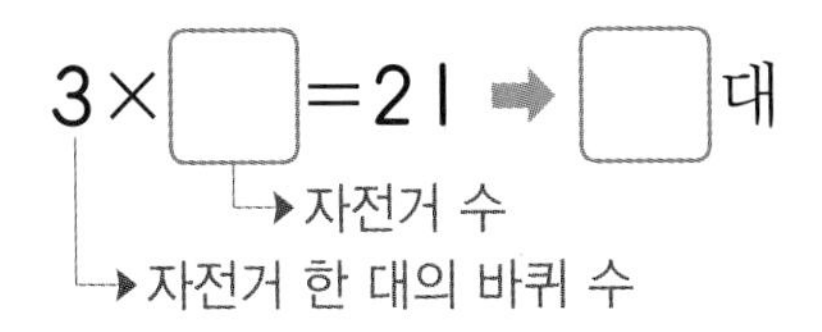

$3\times\square=21$ ➡ $\square$대

11

바퀴 12개

$2\times\square=12$ ➡ $\square$대

12

바퀴 15개

$3\times\square=15$ ➡ $\square$대

13

바퀴 8개

$2\times\square=8$ ➡ $\square$대

14

바퀴 27개

$3\times\square=27$ ➡ $\square$대

15

바퀴 16개

$2\times\square=16$ ➡ $\square$대

16

바퀴 9개

$3\times\square=9$ ➡ $\square$대

17

바퀴 10개

$2\times\square=10$ ➡ $\square$대

02 4, 5단 곱셈구구를 이용하여 □의 값 구하기

4, 5단 곱셈구구를 이용하여 □의 값 구하기

4단에서 곱이 12가 되는 식을 찾아요.

$4\times\square=12$, $\square\times4=12$ ➡ $4\times3=12$이므로 $\square=3$

$5\times\square=10$, $\square\times5=10$ ➡ $5\times2=10$이므로 $\square=2$

5단에서 곱이 10이 되는 식을 찾아요.

곱셈구구를 외워 곱이 같은 곱셈식을 찾아요.

● □ 안에 알맞은 수를 써넣으세요.

1
$4\times\boxed{3}=12$
$4\times\square=32$
$4\times\square=36$

2
$5\times\boxed{2}=10$
$5\times\square=15$
$5\times\square=35$

3
$\boxed{6}\times4=24$
$\square\times4=20$
$\square\times4=28$

4
$4\times\square=16$
$4\times\square=28$
$4\times\square=8$

5
$5\times\square=45$
$5\times\square=20$
$5\times\square=5$

6
$\square\times5=25$
$\square\times5=30$
$\square\times5=45$

7
$4\times\square=4$
$4\times\square=24$
$4\times\square=20$

8
$5\times\square=25$
$5\times\square=30$
$5\times\square=40$

9
$\square\times4=32$
$\square\times4=16$
$\square\times4=36$

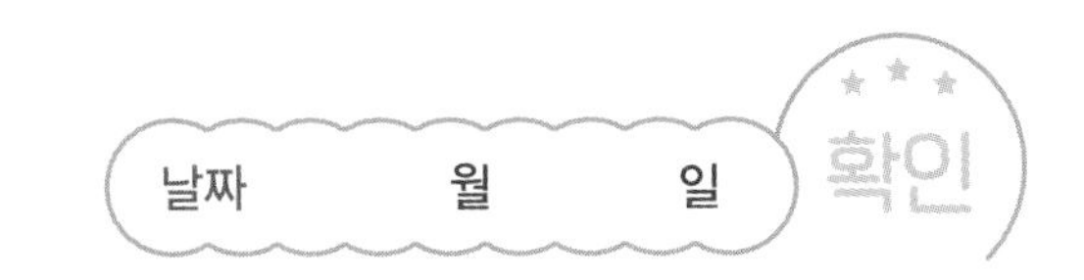

◑ 가로등 안의 수 중 ▢ 안에 공통으로 들어갈 수를 찾아 ○표 하세요.

10

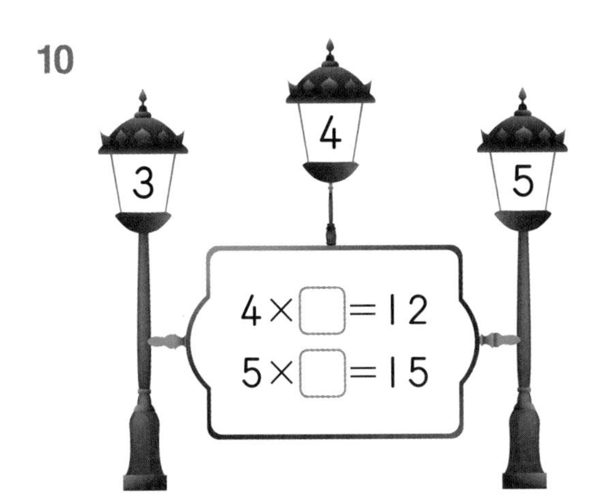

11

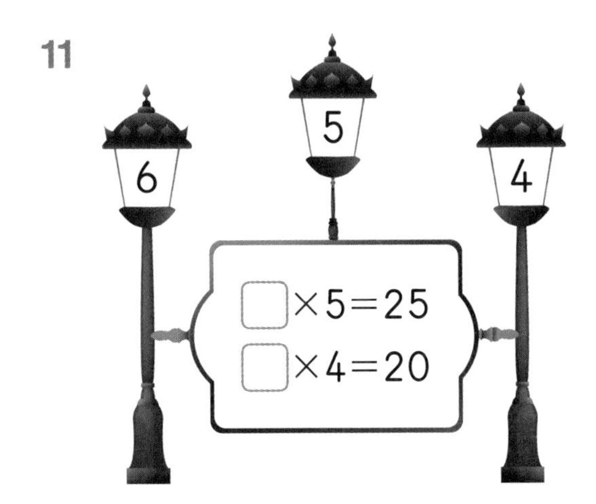

12

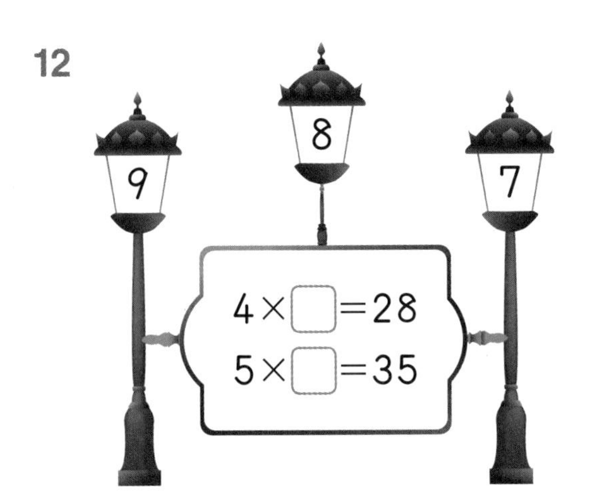

13

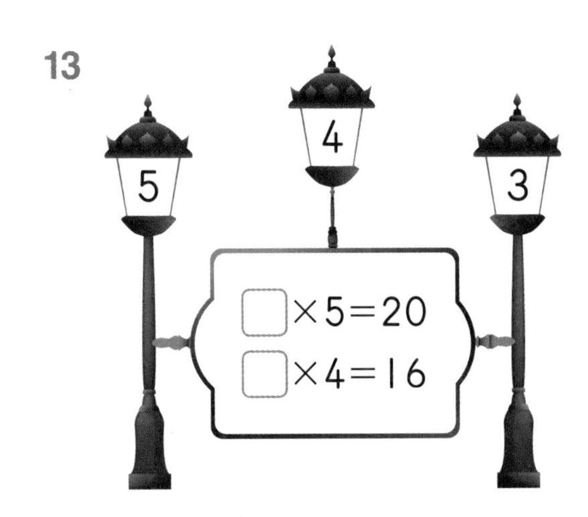

14

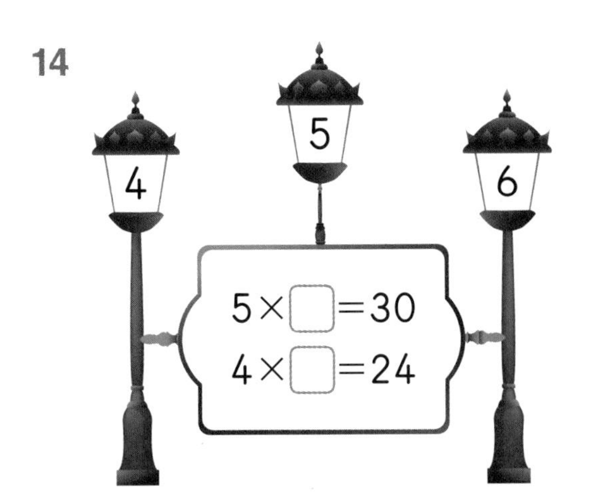

15

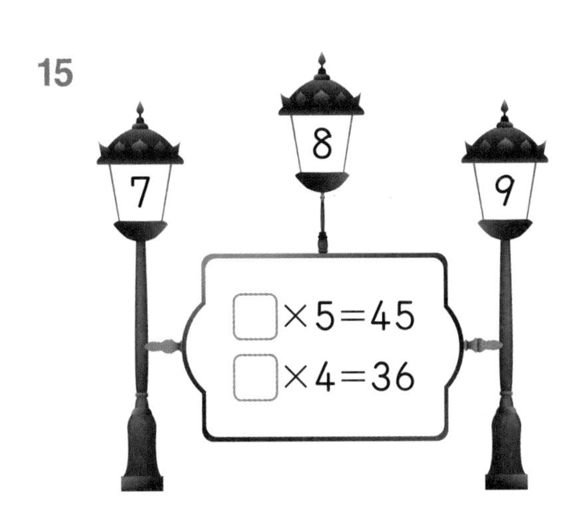

03 2~5단 곱셈구구를 이용하여 개수 구하기

✣ 곱셈식을 만들어 구슬의 개수 구하기

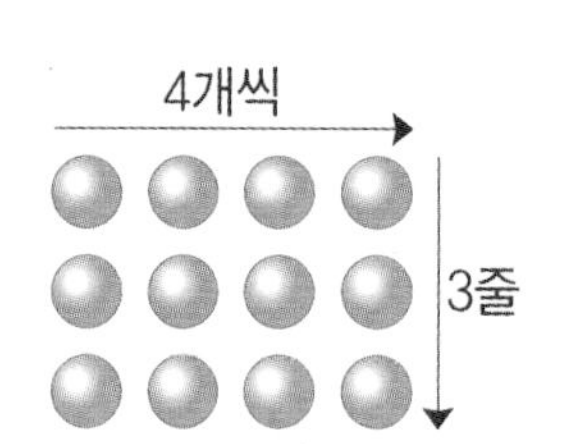

줄 수

$4 \times 3 = 12$

구슬을 다 세어 보지 않아도 개수를 알 수 있어요.

●개씩 ◆줄은 ●×◆으로 나타낼 수 있어요.

● 곱셈식을 만들어 구슬의 개수를 구하세요.

1

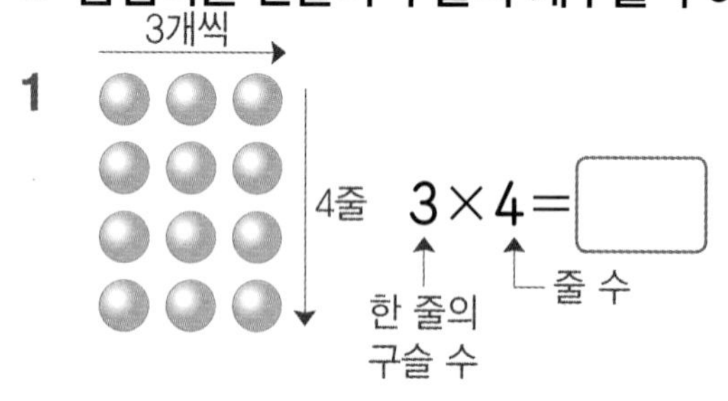

2 $2 \times 4 = \square$

3 $\square \times \square = \square$

4 $\square \times \square = \square$

5 $\square \times \square = \square$

6 $\square \times \square = \square$

7 $\square \times \square = \square$

8

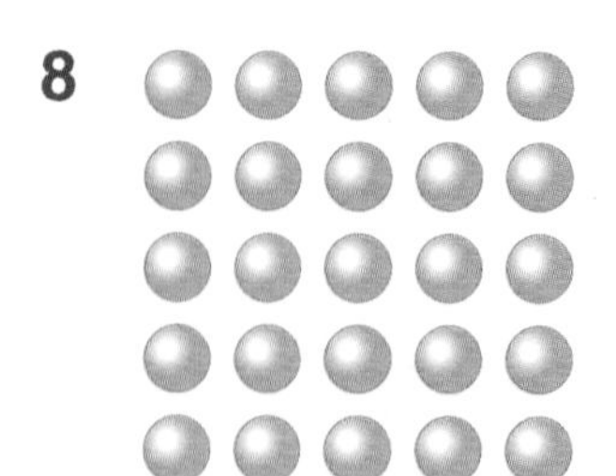

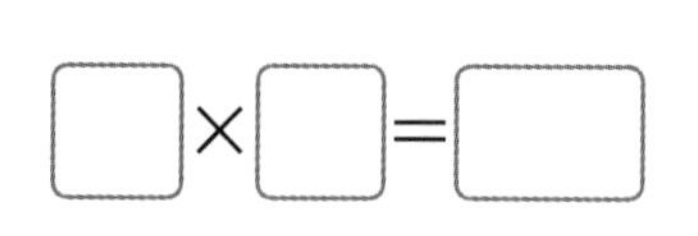

◑ 상자에 들어 있는 버섯은 모두 몇 개인지 곱셈식으로 알아보세요.

9

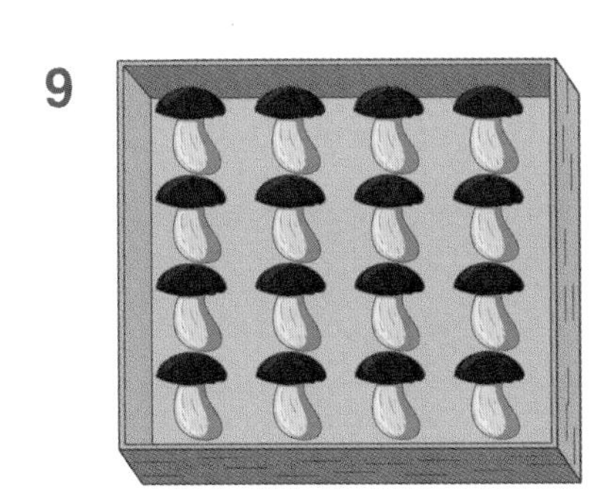

4 × □ = □ ➡ □ 개

10

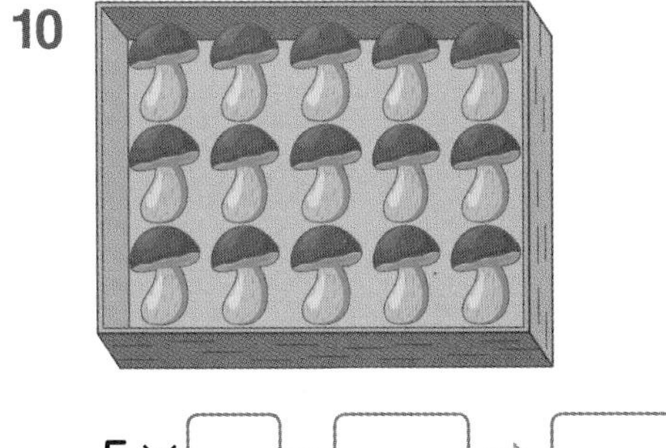

5 × □ = □ ➡ □ 개

11

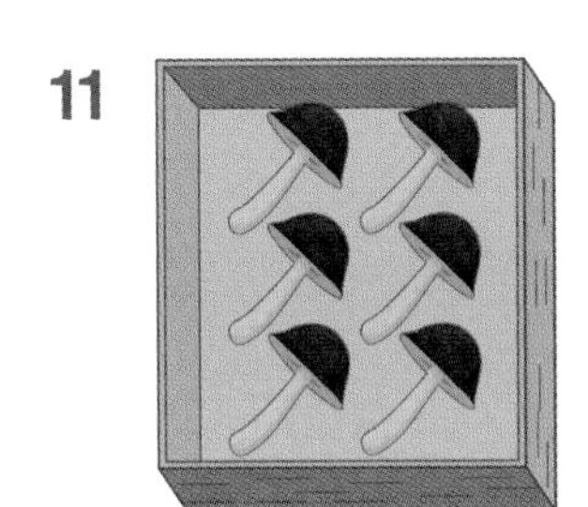

12

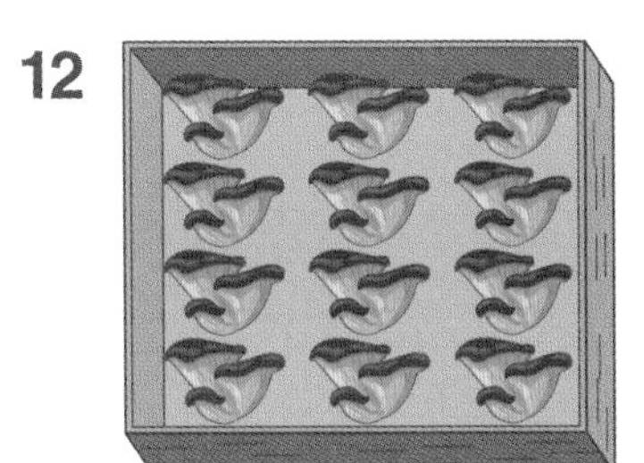

13

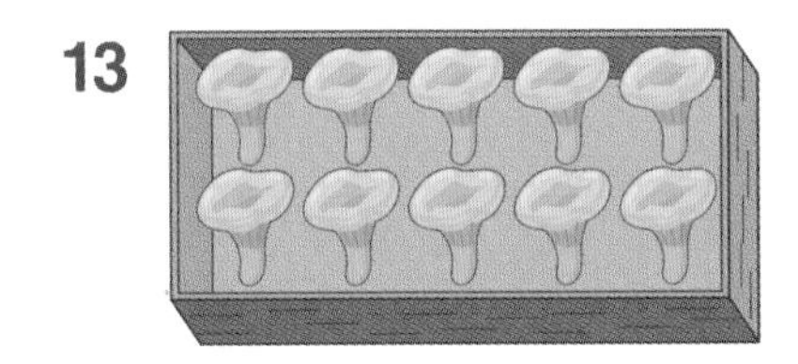

□ × □ = □ ➡ □ 개

14

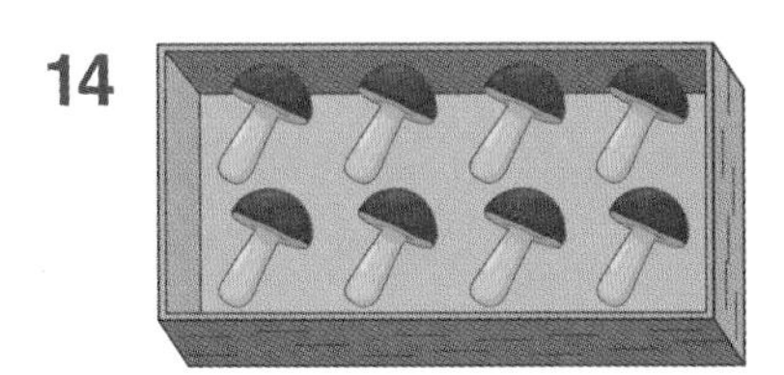

15

□ × □ = □ ➡ □ 개

16

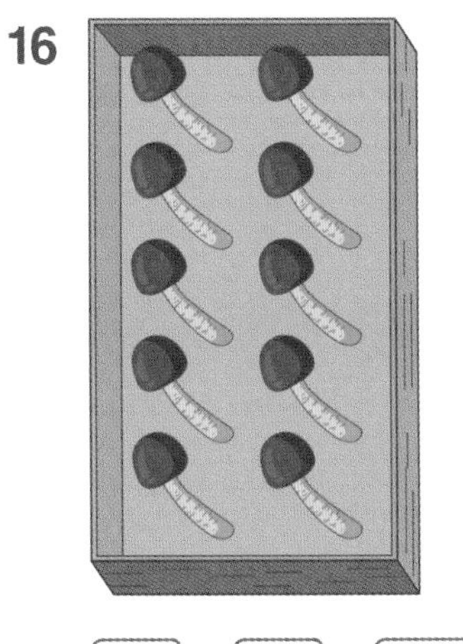

04 6, 7단 곱셈구구를 이용하여 □의 값 구하기

✣ 6, 7단 곱셈구구를 이용하여 □의 값 구하기

6단에서 곱이 24인 식을 찾아요.

$6\times\square=24$, $\square\times6=24$ ➡ $6\times4=24$이므로 $\square=4$

$7\times\square=14$, $\square\times7=14$ ➡ $7\times2=14$이므로 $\square=2$

7단에서 곱이 14인 식을 찾아요.

곱셈구구에서 곱이 같은 곱셈식을 찾아봐요.

◑ □ 안에 알맞은 수를 써넣으세요.

1 $6\times\boxed{3}=18$

$6\times\square=48$

$6\times\square=54$

2 $7\times\boxed{3}=21$

$7\times\square=28$

$7\times\square=49$

3 $\boxed{6}\times6=36$

$\square\times6=30$

$\square\times6=42$

4 $6\times\square=12$

$6\times\square=24$

$6\times\square=36$

5 $7\times\square=14$

$7\times\square=56$

$7\times\square=7$

6 $\square\times7=35$

$\square\times7=42$

$\square\times7=63$

7 $6\times\square=42$

$6\times\square=6$

$6\times\square=30$

8 $7\times\square=28$

$7\times\square=42$

$7\times\square=63$

9 $\square\times6=48$

$\square\times6=36$

$\square\times6=24$

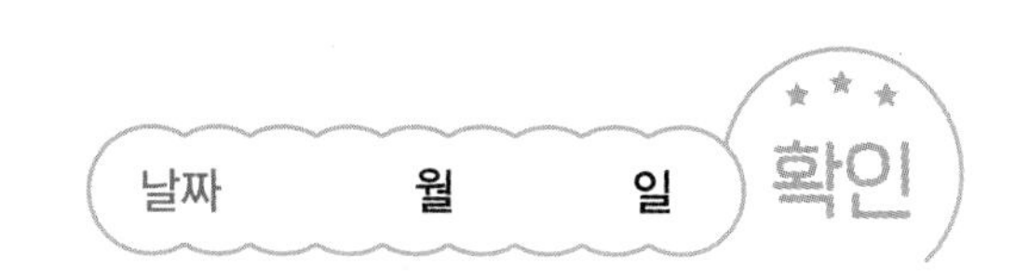

◑ 벽 한쪽을 사진으로 꾸미려고 합니다. 줄은 몇 개 필요한지 곱셈식으로 알아보세요.

10 

사진 12장

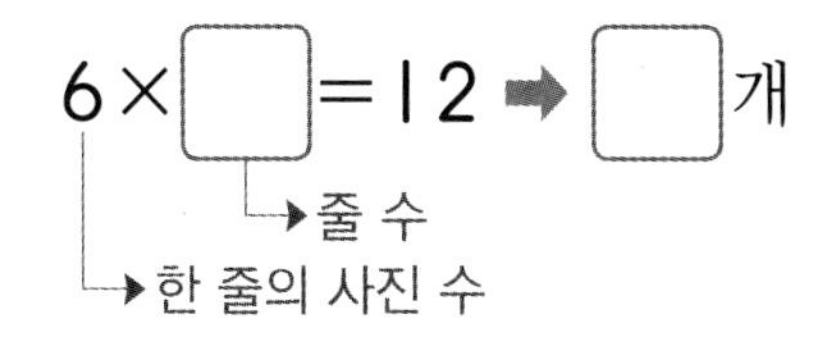

11 

사진 42장

7×☐=42 ➡ ☐개

12 

사진 30장

6×☐=30 ➡ ☐개

13 

사진 28장

7×☐=28 ➡ ☐개

14

사진 54장

6×☐=54 ➡ ☐개

15 

사진 56장

7×☐=56 ➡ ☐개

16 

사진 18장

6×☐=18 ➡ ☐개

17

사진 35장

7×☐=35 ➡ ☐개

05 8, 9단 곱셈구구를 이용하여 □의 값 구하기

8, 9단 곱셈구구를 이용하여 □의 값 구하기

8단에서 곱이 32인 식을 찾아요.

$8 \times \square = 32$, $\square \times 8 = 32$ ➡ $8 \times 4 = 32$이므로 $\square = 4$

$9 \times \square = 18$, $\square \times 9 = 18$ ➡ $9 \times 2 = 18$이므로 $\square = 2$

9단에서 곱이 18인 식을 찾아요.

곱이 같은 곱셈식을 찾아봐요.

● □ 안에 알맞은 수를 써넣으세요.

1 $8 \times \boxed{3} = 24$

$8 \times \square = 64$

$8 \times \square = 72$

2 $9 \times \boxed{3} = 27$

$9 \times \square = 36$

$9 \times \square = 63$

3 $\boxed{6} \times 8 = 48$

$\square \times 8 = 40$

$\square \times 8 = 56$

4 $8 \times \square = 16$

$8 \times \square = 32$

$8 \times \square = 48$

5 $9 \times \square = 18$

$9 \times \square = 45$

$9 \times \square = 72$

6 $\square \times 9 = 36$

$\square \times 9 = 54$

$\square \times 9 = 81$

7 $8 \times \square = 8$

$8 \times \square = 40$

$8 \times \square = 56$

8 $9 \times \square = 81$

$9 \times \square = 54$

$9 \times \square = 9$

9 $\square \times 8 = 16$

$\square \times 8 = 24$

$\square \times 8 = 32$

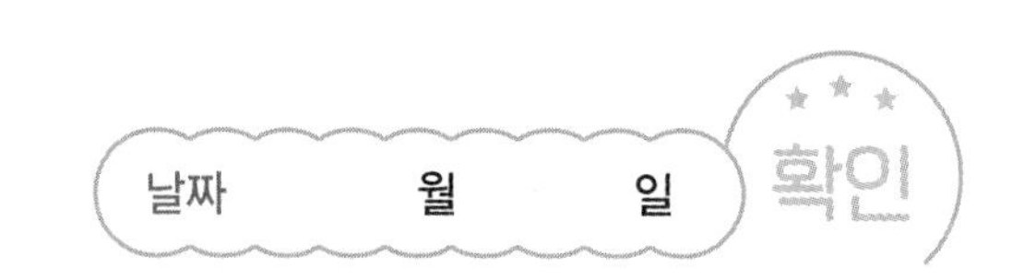

● 책장에 책을 몇 칸까지 꽂았는지 곱셈식으로 알아보세요.

10

한 칸에 8권씩
64권을 꽂았어요.

$8\times\square=64$ ➡ $\square$칸

11

한 칸에 9권씩
54권을 꽂았어요.

$9\times\square=54$ ➡ $\square$칸

12

한 칸에 8권씩
24권을 꽂았어요.

$8\times\square=24$ ➡ $\square$칸

13

한 칸에 9권씩
63권을 꽂았어요.

$9\times\square=63$ ➡ $\square$칸

14

한 칸에 8권씩
56권을 꽂았어요.

$8\times\square=56$ ➡ $\square$칸

15

한 칸에 9권씩
81권을 꽂았어요.

$9\times\square=81$ ➡ $\square$칸

16

한 칸에 8권씩
32권을 꽂았어요.

$8\times\square=32$ ➡ $\square$칸

17

한 칸에 9권씩
18권을 꽂았어요.

$9\times\square=18$ ➡ $\square$칸

06 6~9단 곱셈구구를 이용하여 개수 구하기

✣ 곱셈식을 만들어 사각형의 개수 구하기

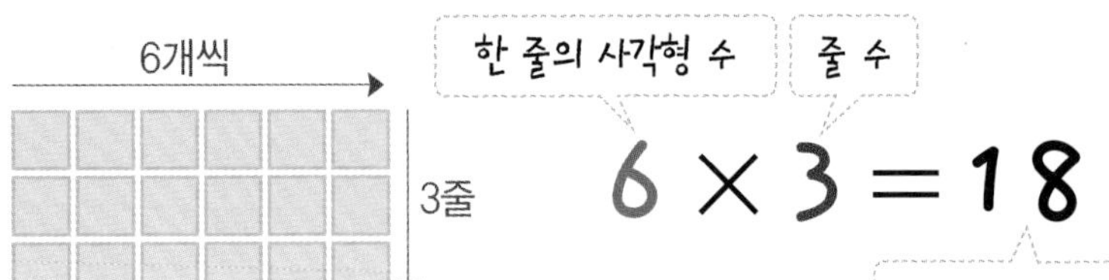

사각형의 개수

↓ 방향으로 사각형을 먼저 센 뒤
→ 방향으로 세어
곱셈식으로 만들 수도 있어요.
3개씩 6줄 ➡ 3×6=18

● 곱셈식을 만들어 사각형의 개수를 구하세요.

1

7×☐=☐

2

☐×☐=☐

3

☐×☐=☐

4

☐×☐=☐

5

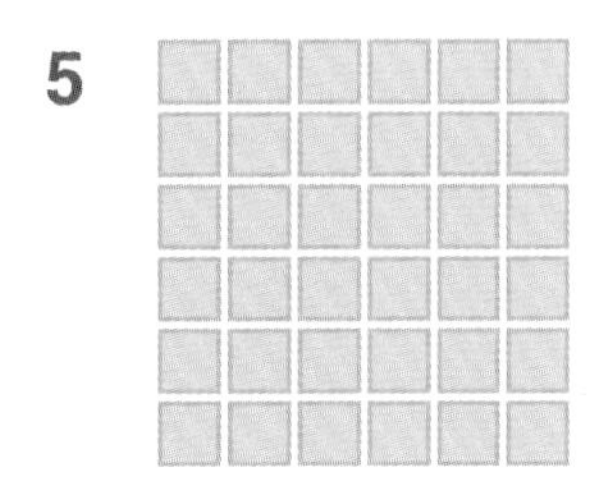

☐×☐=☐

6

☐×☐=☐

7

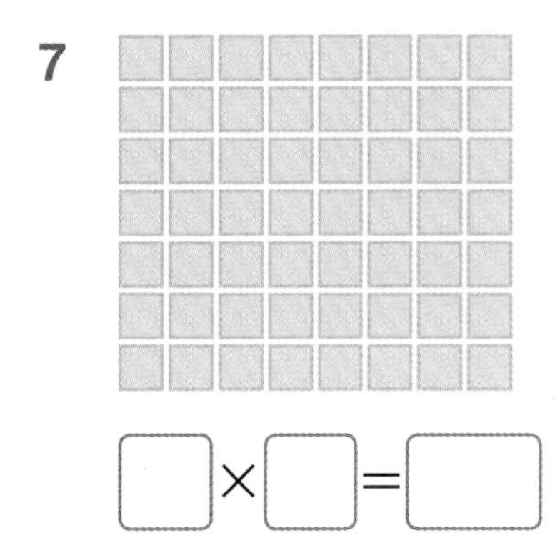

☐×☐=☐

8

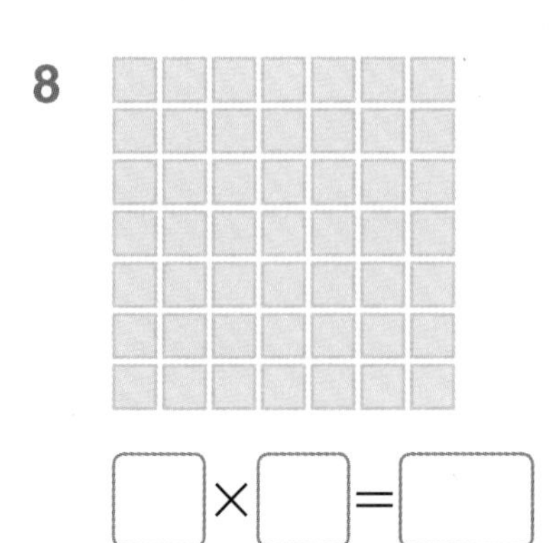

☐×☐=☐

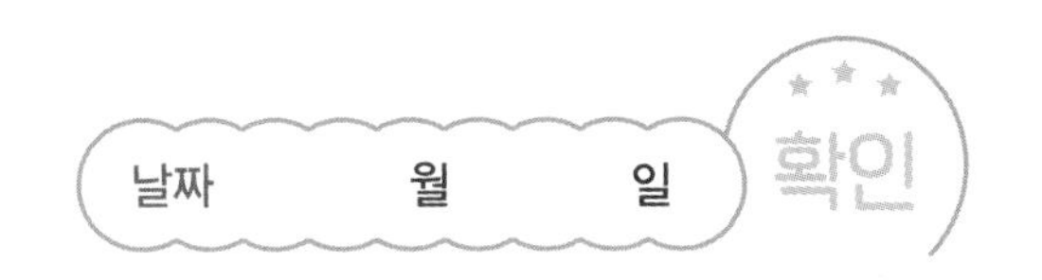

● 꽃밭에 튤립이 각각 몇 송이씩 있는지 곱셈식으로 알아보세요.

9

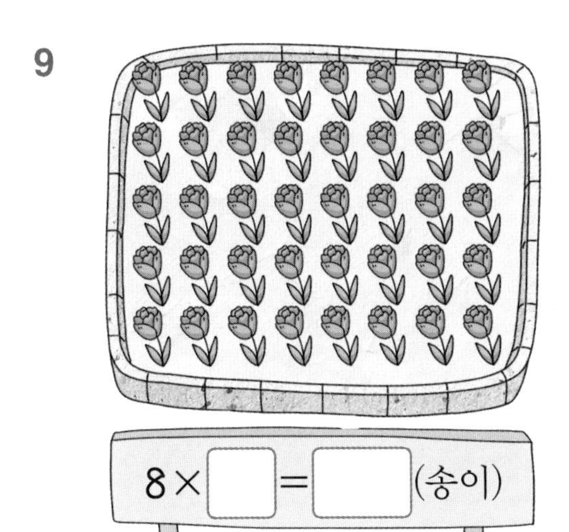

10

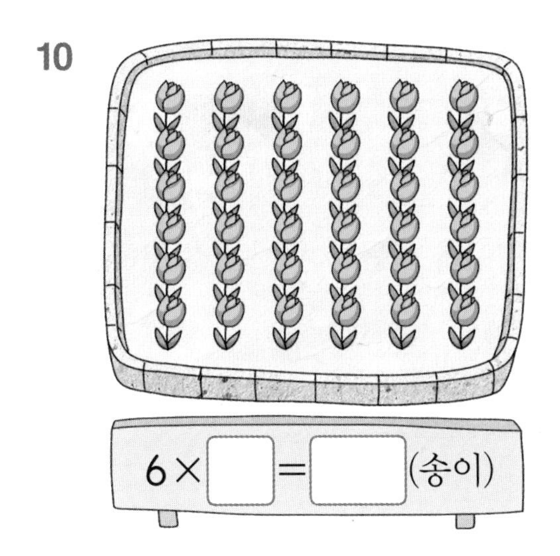

11

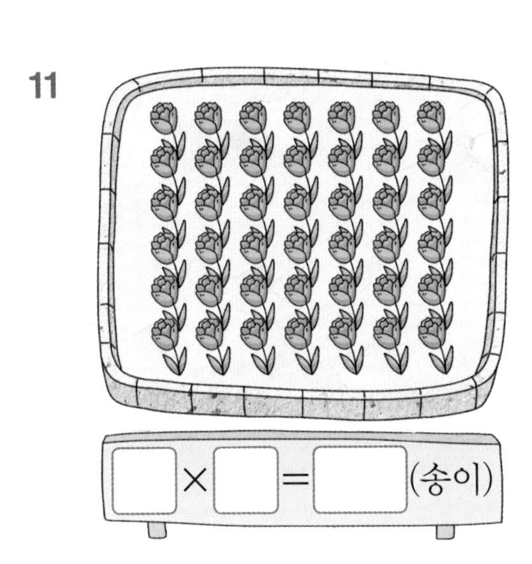

12

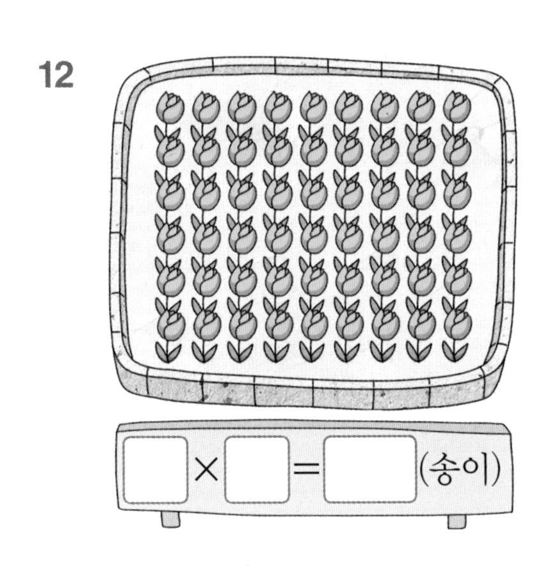

13

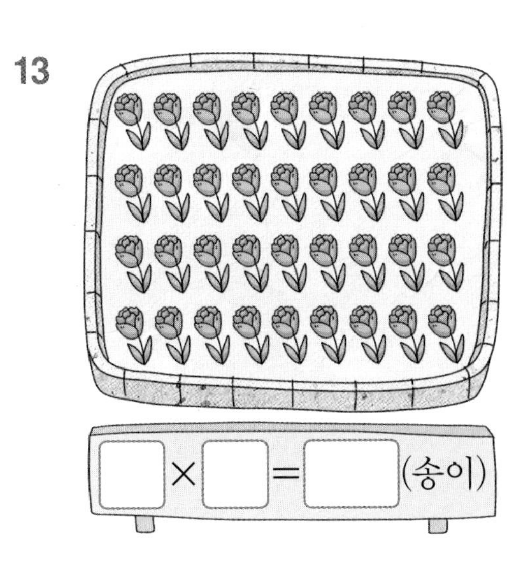

14

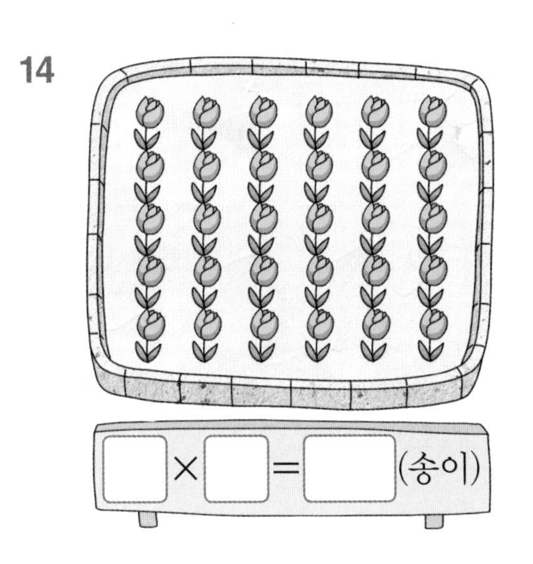

07 0의 곱과 1단 곱셈구구를 이용하여 □의 값 구하기

✣ 0의 곱을 이용하여 □의 값 구하기

곱이 0이 되는 경우는 두 수 중 하나는 0이에요.

$3\times\square=0$, $\square\times3=0$ ➡ $\square=0$

□×0=0, 0×□=0에서 □의 값은 모든 수가 돼요.

✣ 1단 곱셈구구를 이용하여 □의 값 구하기

1에 어떤 수를 곱하면 어떤 수가 돼요.

$1\times\square=3$, $\square\times1=3$ ➡ $\square=3$

◐ □ 안에 알맞은 수를 써넣으세요.

1 $3\times\boxed{0}=0$

$7\times\square=0$

$9\times\square=0$

2 $1\times\boxed{5}=5$

$1\times\square=4$

$1\times\square=9$

3 $\boxed{0}\times2=0$

$\square\times4=0$

$\square\times6=0$

4 $6\times\square=0$

$5\times\square=0$

$4\times\square=0$

5 $1\times\square=6$

$1\times\square=7$

$1\times\square=8$

6 $\square\times1=4$

$\square\times1=9$

$\square\times1=2$

7 $1\times\square=0$

$2\times\square=0$

$8\times\square=0$

8 $1\times\square=1$

$1\times\square=2$

$1\times\square=3$

9 $\square\times1=5$

$\square\times1=7$

$\square\times1=6$

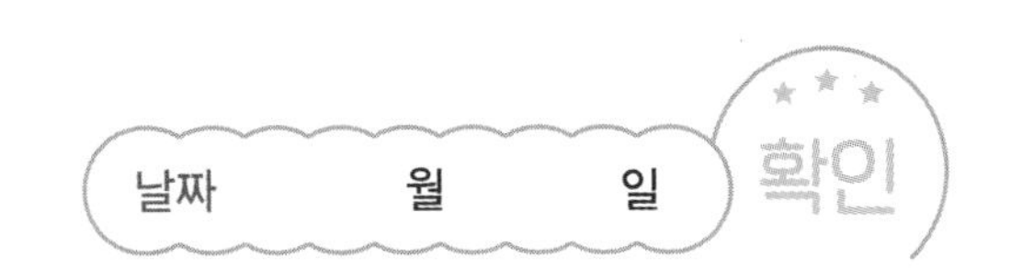

◑ 강준이가 말한 곱셈식의 □의 값을 구하세요.

10 강준: $4 \times \square = 0$

➡ □= ____________

11 $1 \times \square = 5$

➡ □= ____________

12 $\square \times 9 = 0$

➡ □= ____________

13 $\square \times 1 = 6$

➡ □= ____________

14 $5 \times \square = 0$

➡ □= ____________

15 $1 \times \square = 3$

➡ □= ____________

16 $\square \times 8 = 0$

➡ □= ____________

17 $\square \times 1 = 7$

➡ □= ____________

18 $\square \times 6 = 0$

➡ □= ____________

19 $1 \times \square = 2$

➡ □= ____________

08 두 수를 바꾸어 곱하기

✣ 두 수를 바꾸어 곱하기

• 그림으로 알아보기

2×3=6

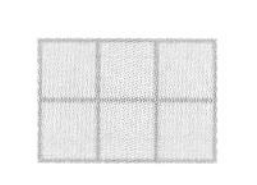

3×2=6

➡ 2 × 3 = 3 × 2

• 곱셈표로 알아보기

×	2	3
2	4	6
3	6	9

6 → 2×3

6 → 3×2

2×3=6

3×2=6

'×' 앞의 수와 뒤의 수를 바꾸어 곱해도 결과는 같아요.

◑ □ 안에 알맞은 수를 써넣으세요.

1 8×2=2×□

2 5×7=7×□

3 3×5=5×□

4 9×4=4×□

5 8×6=6×□

6 2×7=7×□

7 7×6=6×□

8 4×5=5×□

9 3×8=8×□

10 5×2=□×5

11 4×3=□×4

12 6×9=□×6

13 7×4=□×7

14 9×2=□×9

15 8×7=□×8

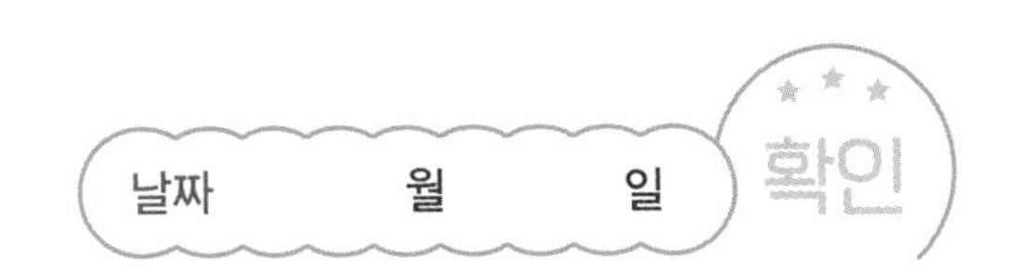

● ☐ 안에 알맞은 수를 써넣으세요.

16 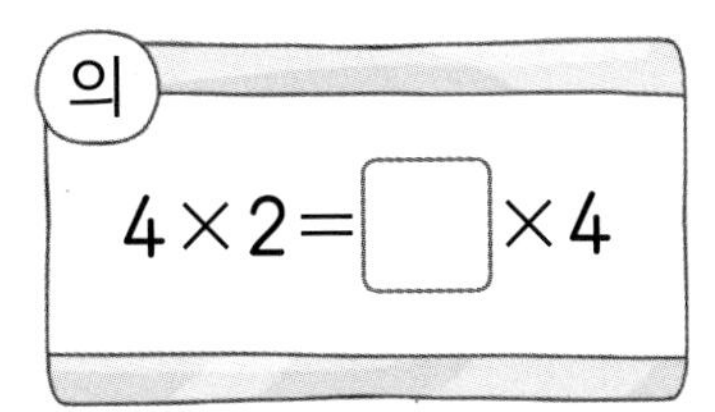

17 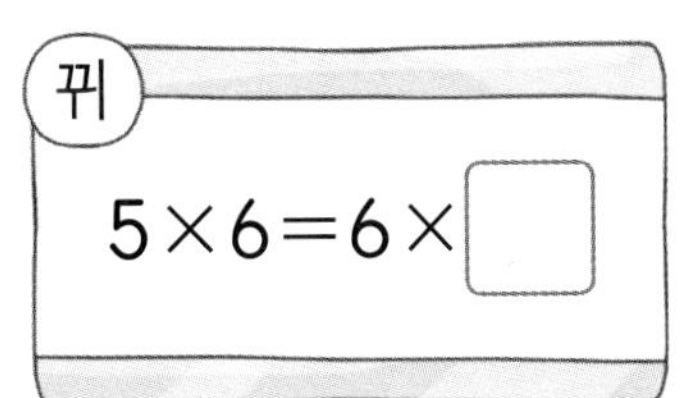

18 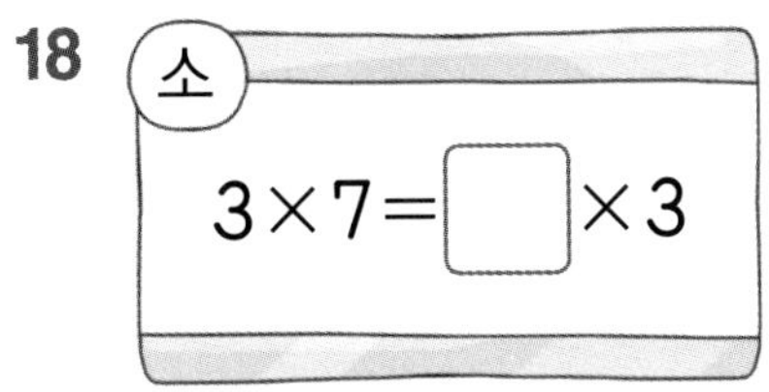

19 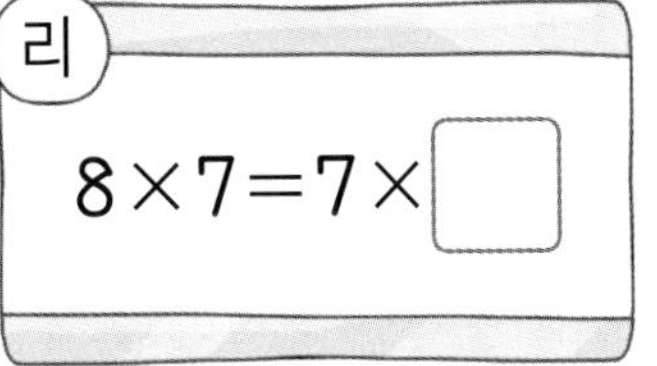

20 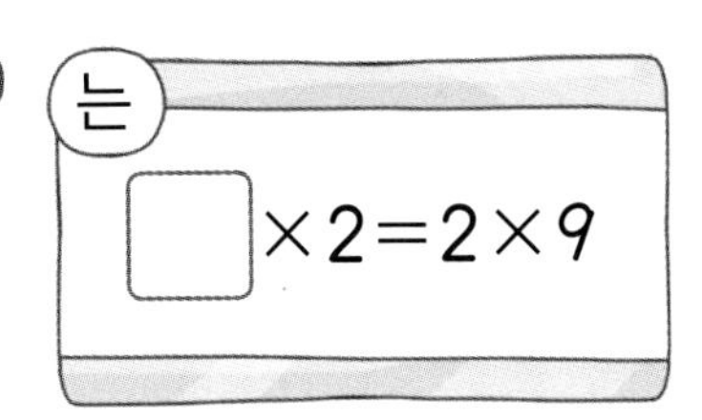

21 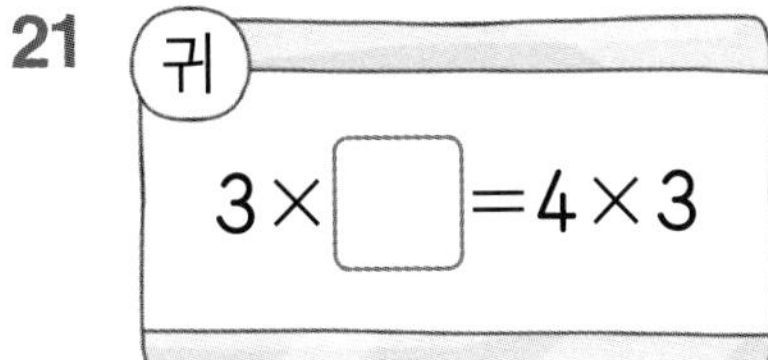

22 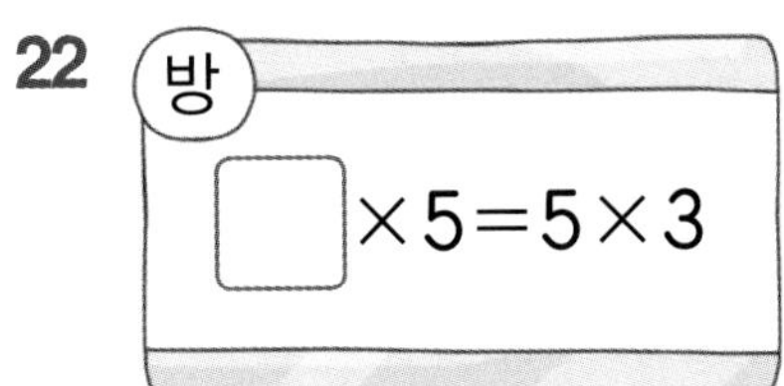

23 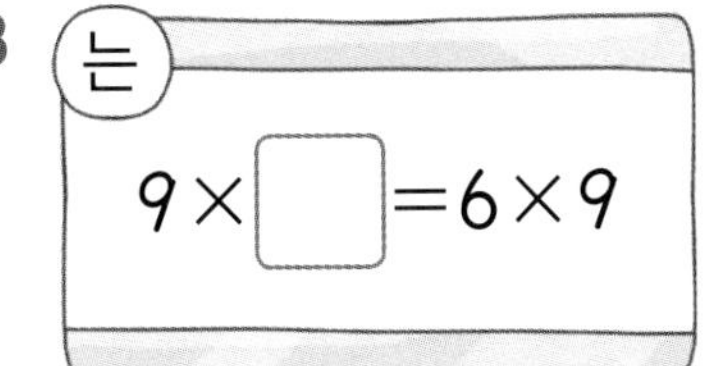

24 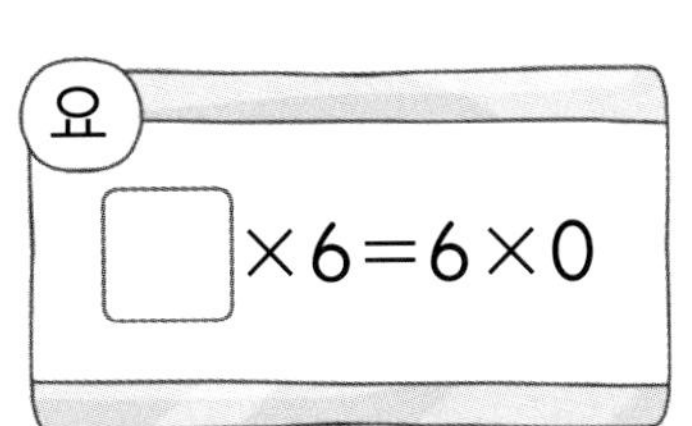

25 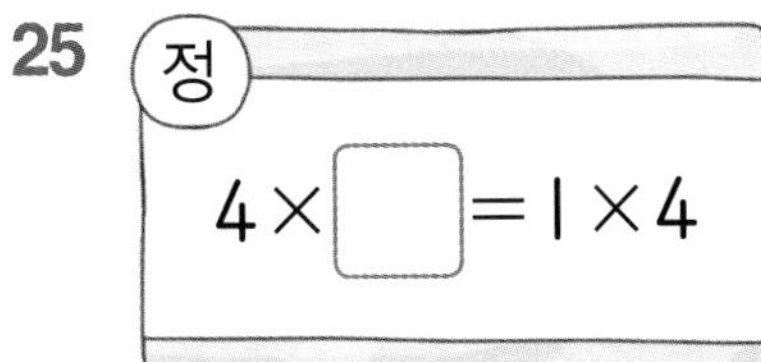

☐ 안의 수에 해당하는 글자를 빈칸에 써넣어 만든 수수께끼의 답은 무엇일까요?

수수께끼

0	1	2	3	4	5	6	7	8	9

?

09 곱이 같은 곱셈구구

✣ 곱이 6인 곱셈구구

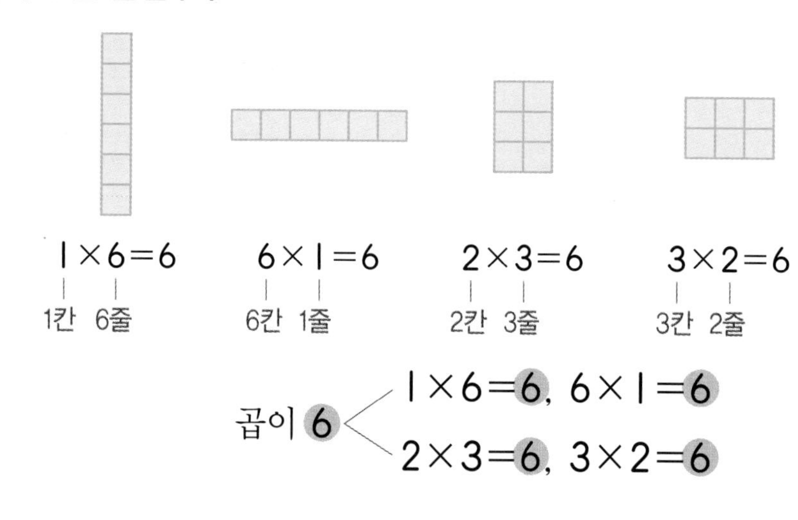

두 수의 순서를 바꾸는 곱셈구구 이외에도 곱이 같은 곱셈구구가 더 있어요.

● 곱이 같은 곱셈구구를 구하려고 합니다. □ 안에 알맞은 수를 써넣으세요.

1 곱이 16

➡
- $8\times\square=16$
- $2\times\square=16$
- $\square\times4=16$

2 곱이 36

➡
- $\square\times4=36$
- $4\times\square=\square$
- $\square\times6=36$

3 곱이 24

➡
- $8\times\square=24$
- $3\times\square=24$
- $\square\times6=24$
- $\square\times4=\square$

4 곱이 18

➡
- $6\times\square=18$
- $3\times\square=18$
- $\square\times9=18$
- $\square\times2=\square$

● ▢ 안에 알맞은 수를 써넣고 풍선 안의 수 중 ▢ 안에 들어가지 않는 수에 ×표 하세요.

5

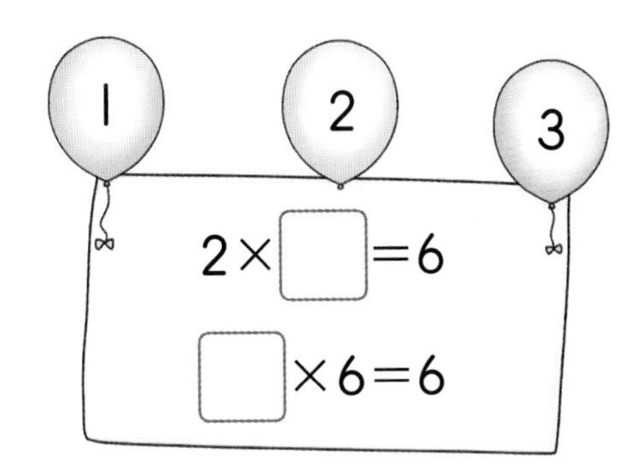

6

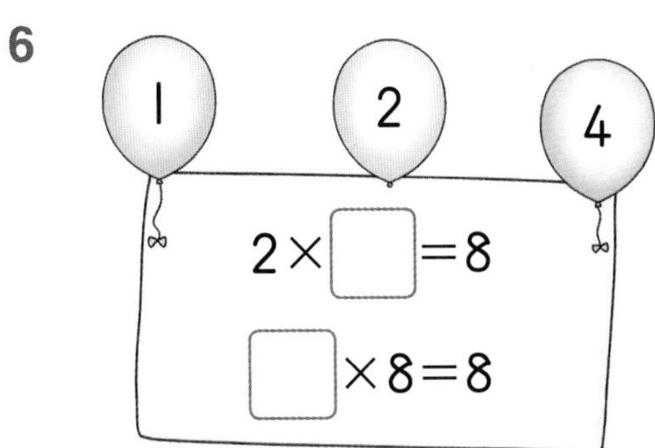

7

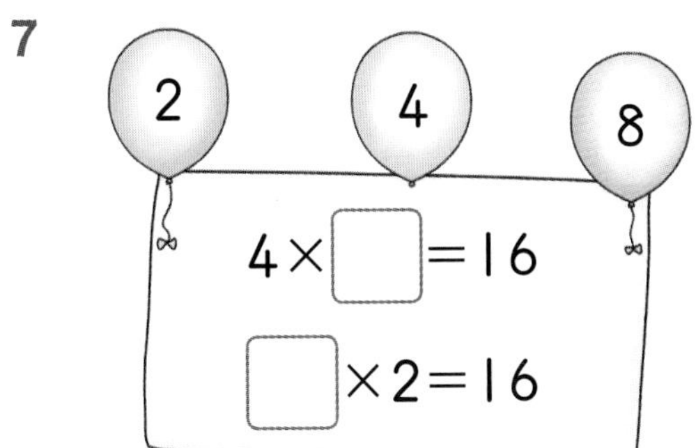

8

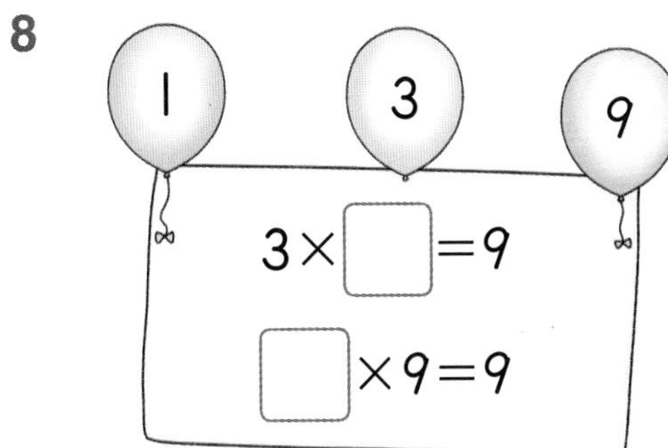

9

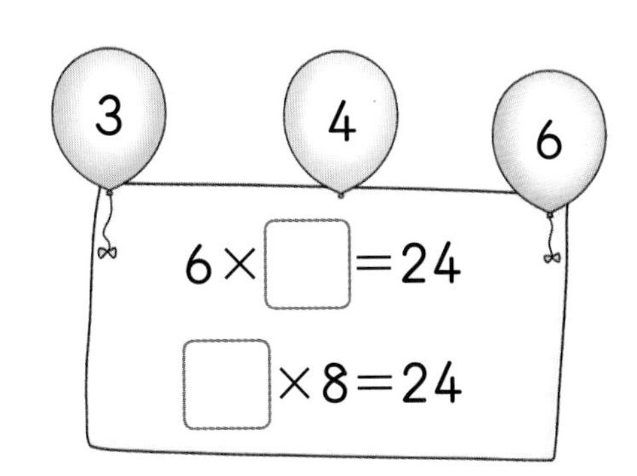

10

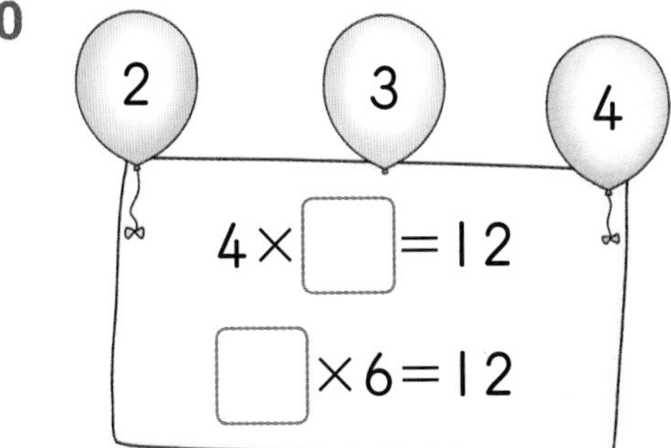

11

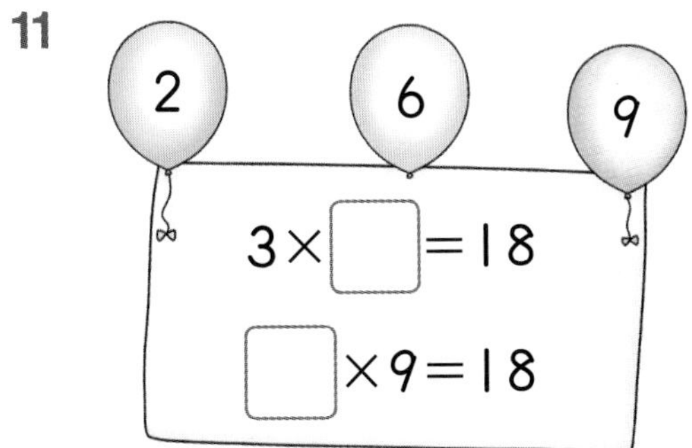

12

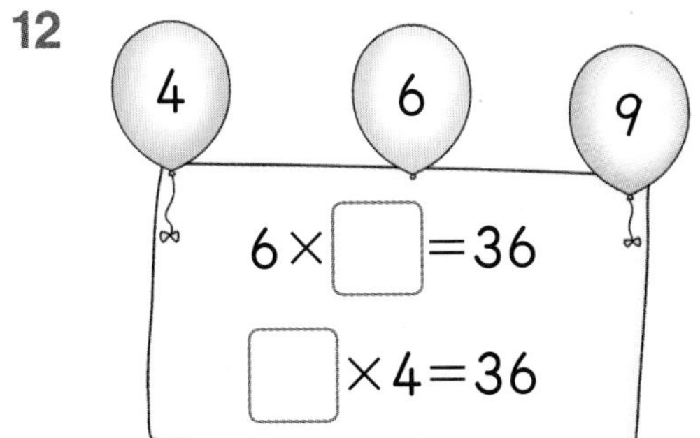

10 집중 연산 ❶

◐ ◎ 안의 수와 빈칸에 들어가는 수의 곱이 ◎ 안의 수일 때 빈칸에 알맞은 수를 써넣으세요.

1

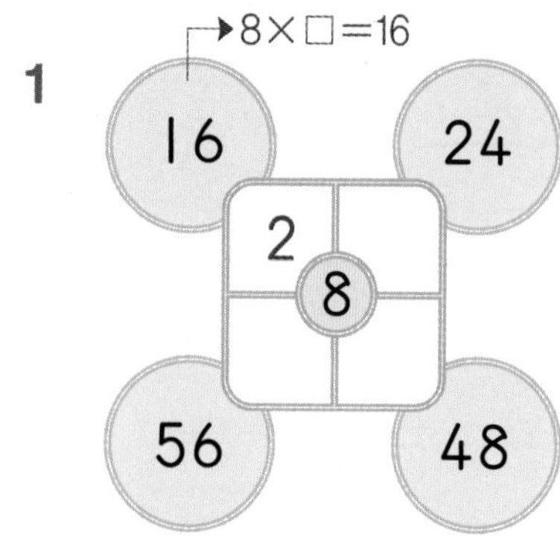

2

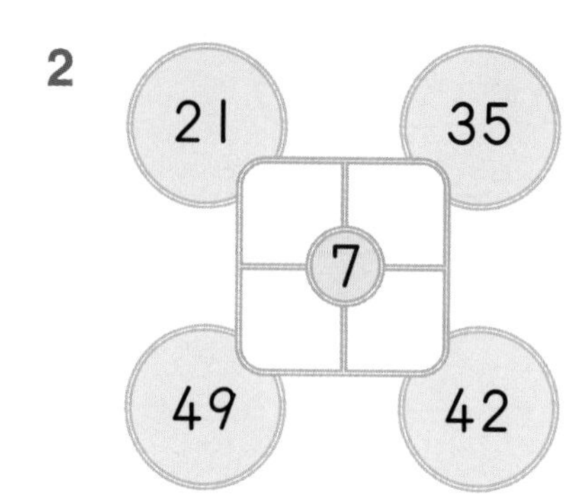

3

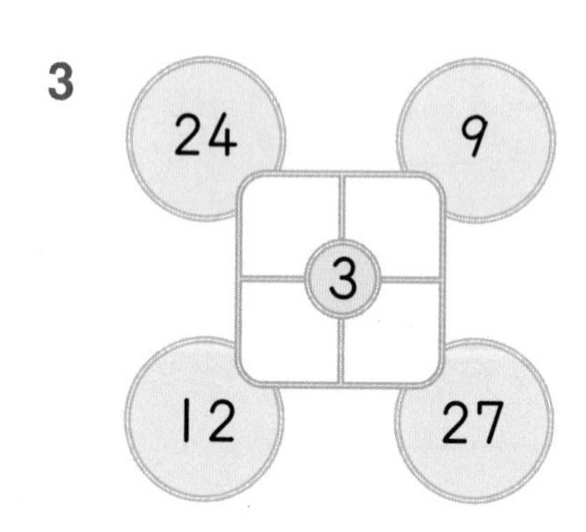

4

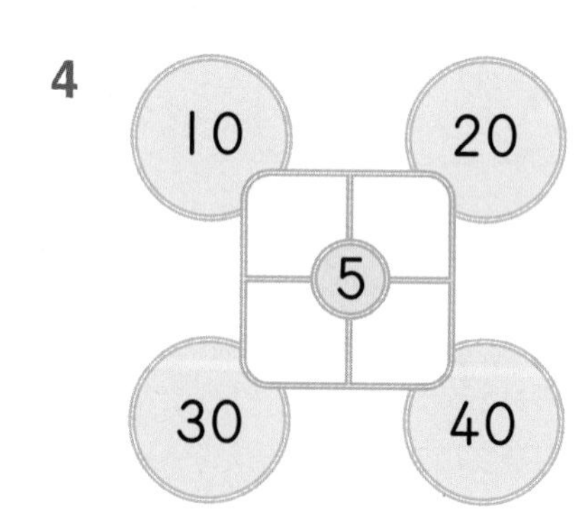

5

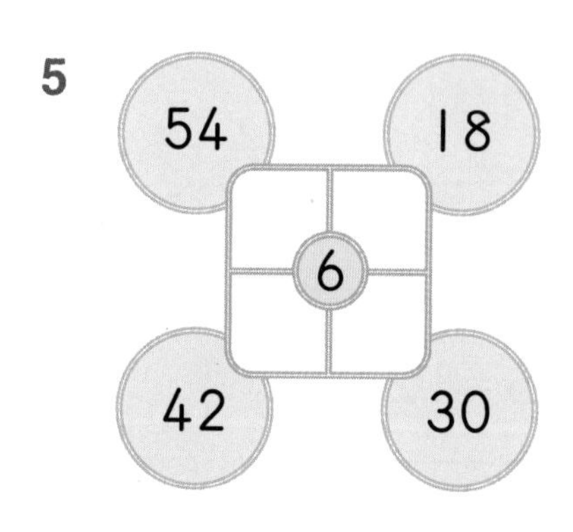

6

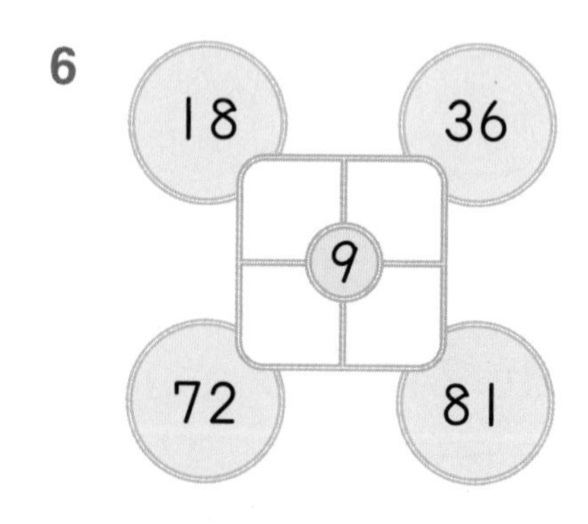

7

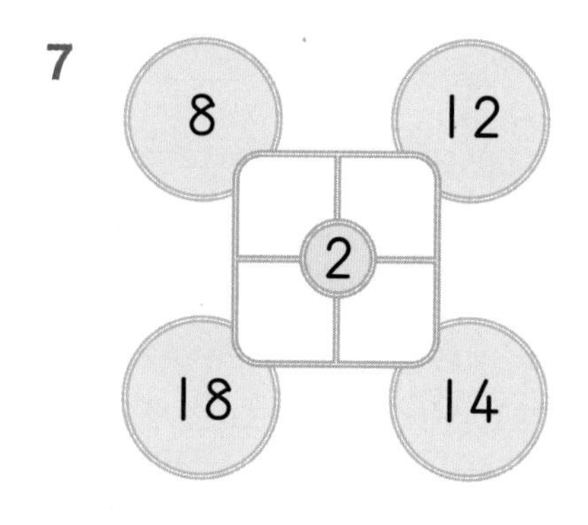

8

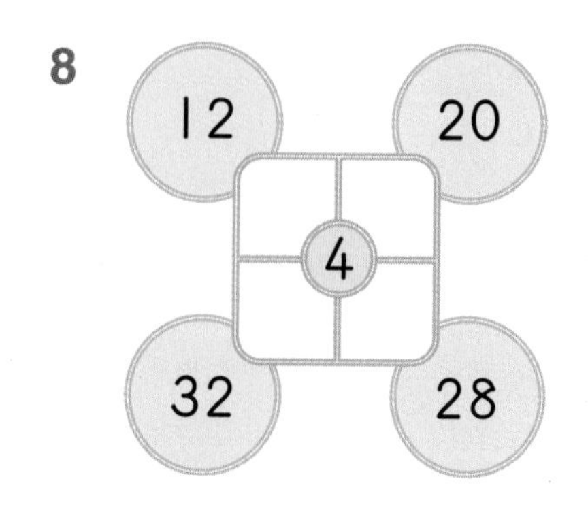

● 안의 수와 ○ 안의 수의 곱이 □ 안의 수일 때 빈칸에 알맞은 수를 써넣으세요.

9

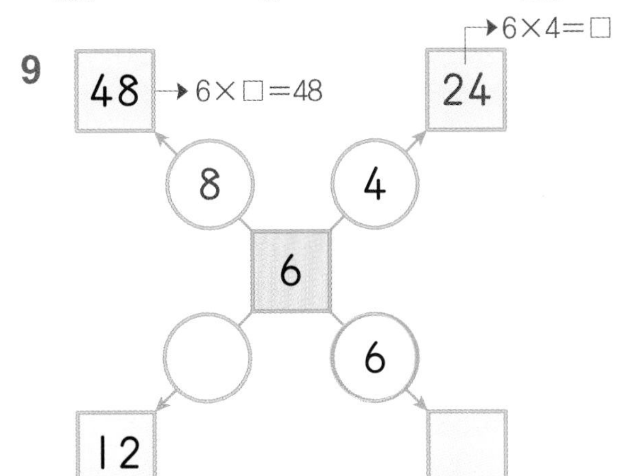

10

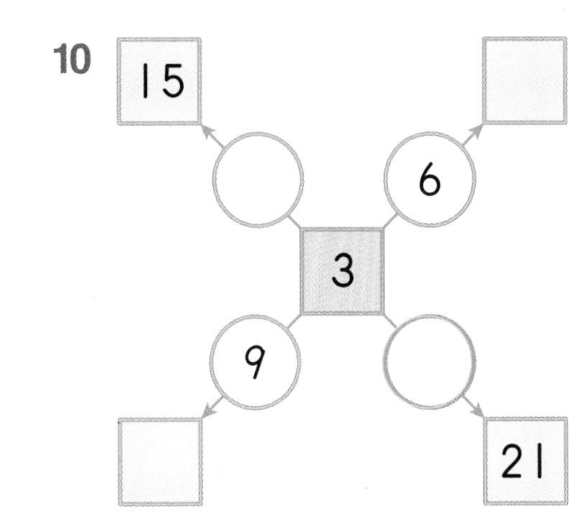

11

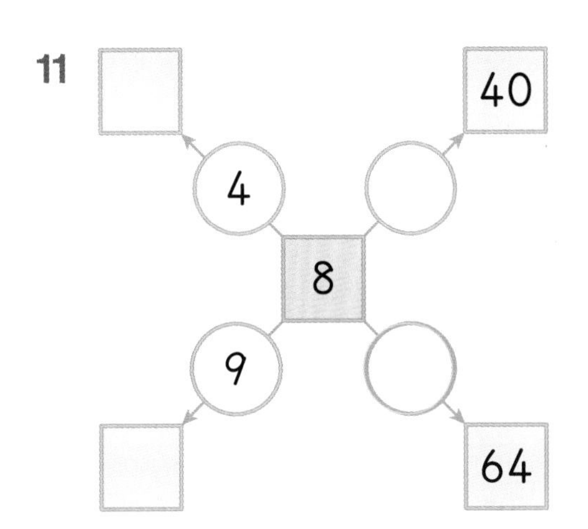

12

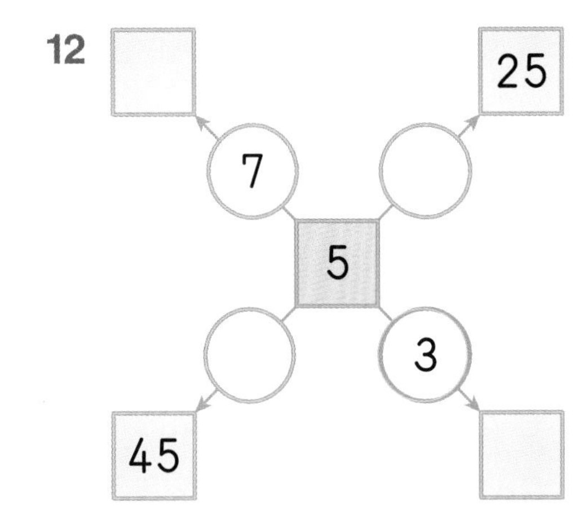

13

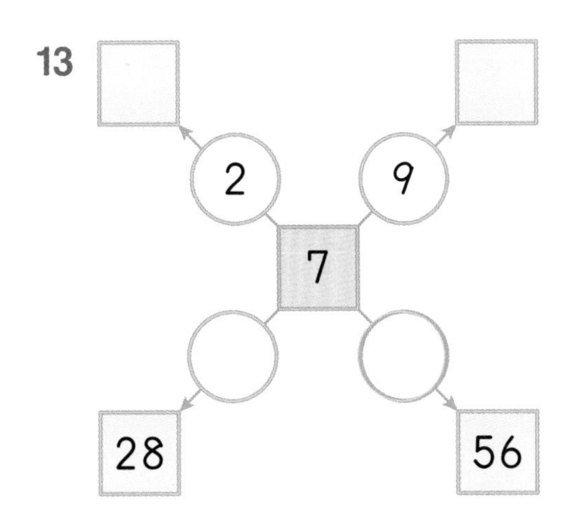

14

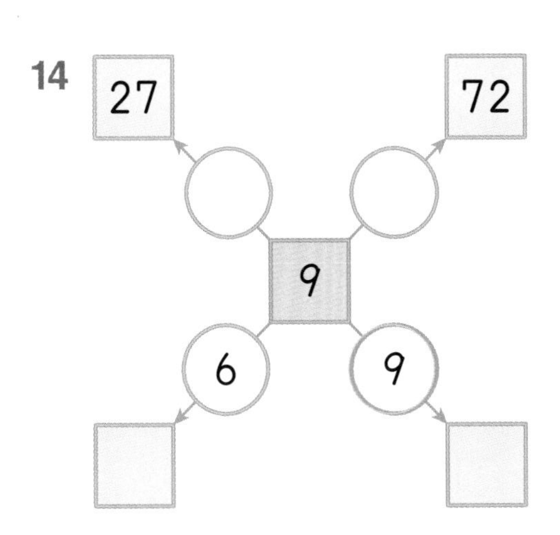

11 집중 연산 ❷

◑ 노란색 칸의 수와 빈칸에 들어가는 수의 곱이 ▽ 안의 수일 때 빈칸에 알맞은 수를 써넣으세요.

1

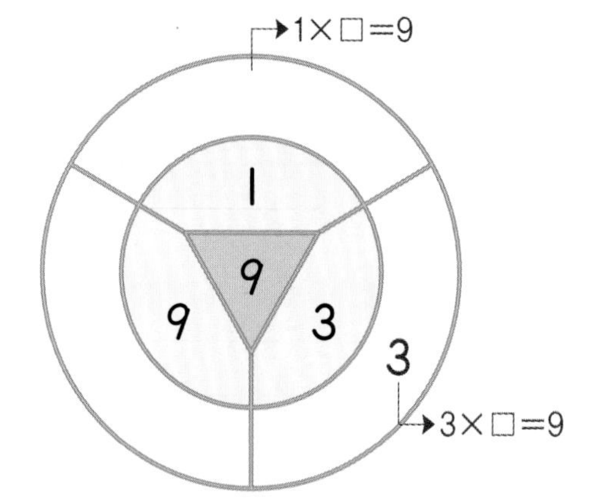

2

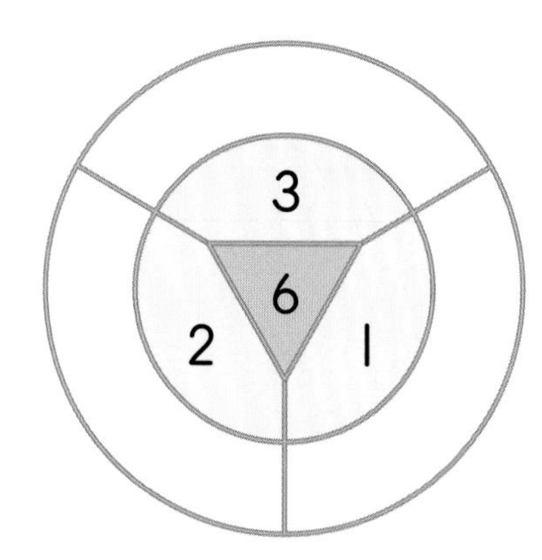

3

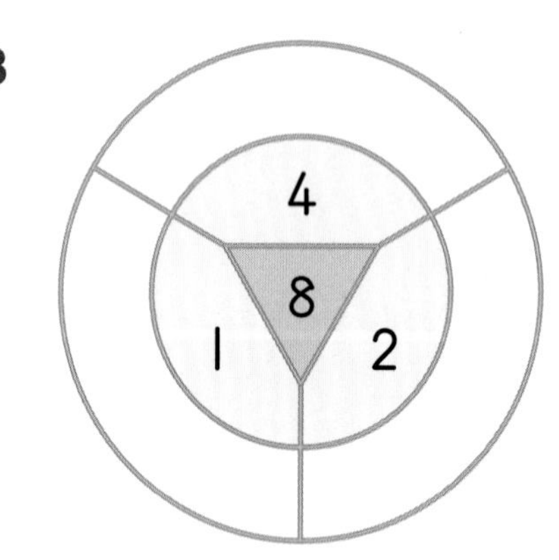

4

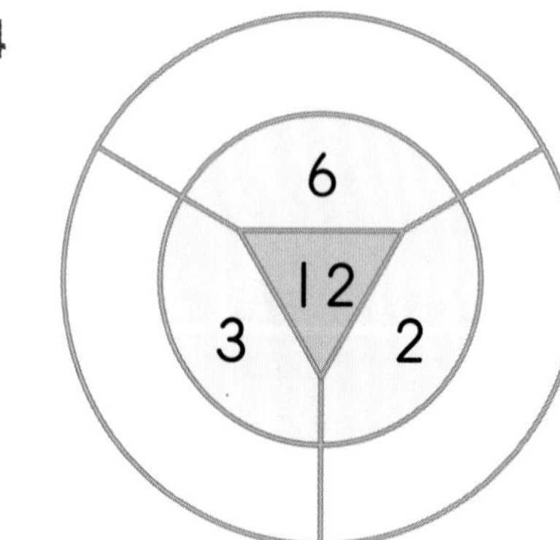

5

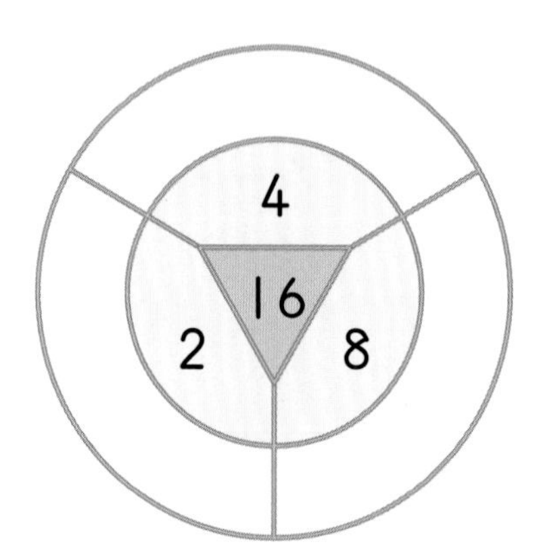

6

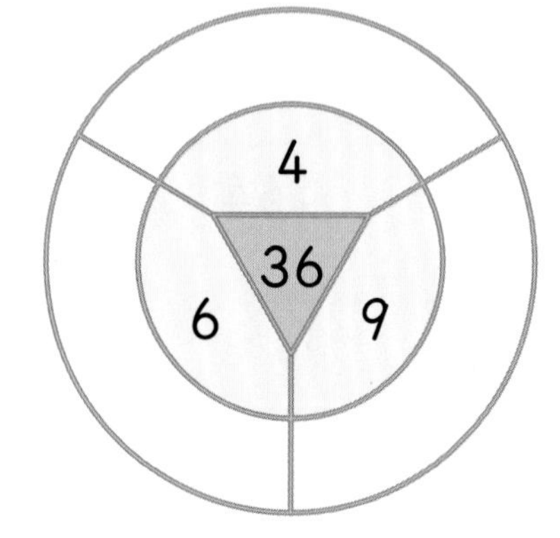

7

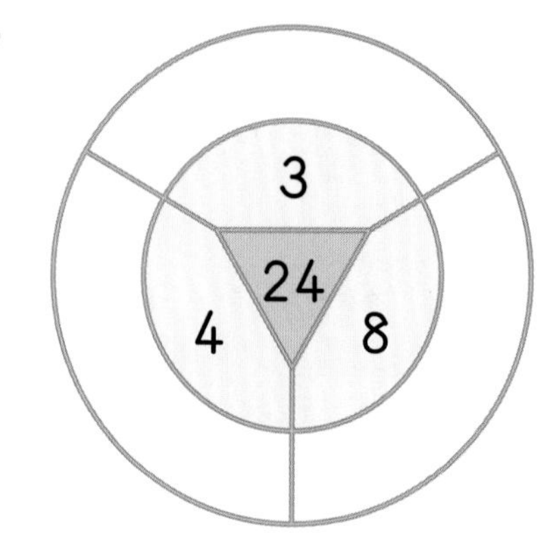

8

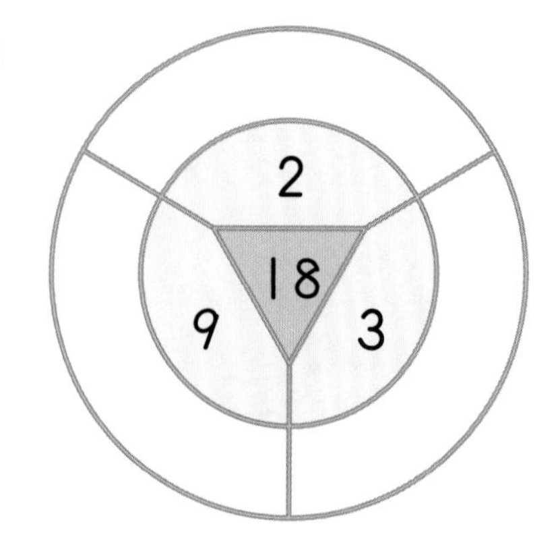

● 보기 와 같이 두 수의 곱이 ◯ 안의 수가 되도록 선을 이어 보세요.

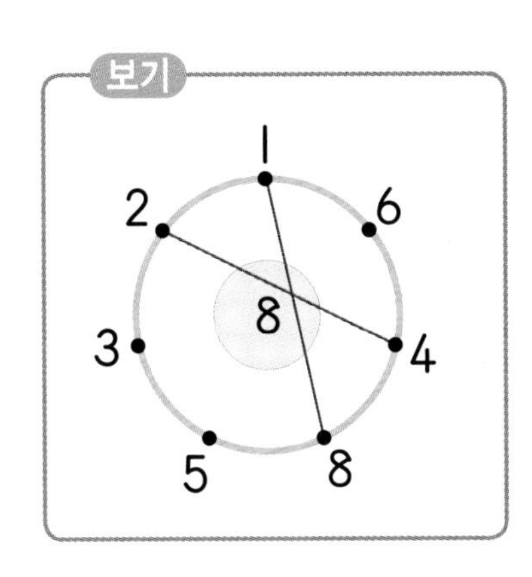

9

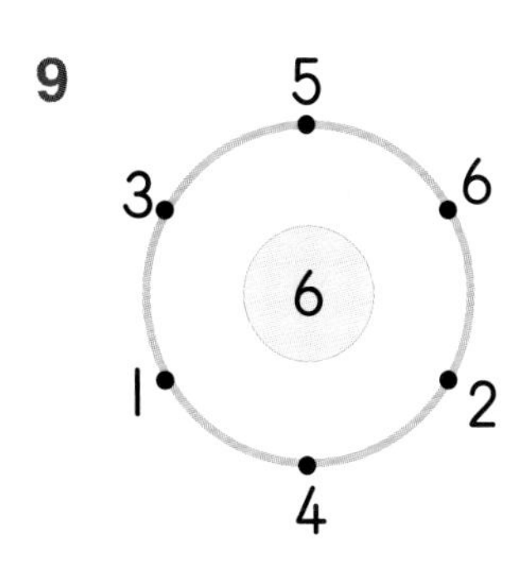

10

3
1
4
9
6
9
3

11

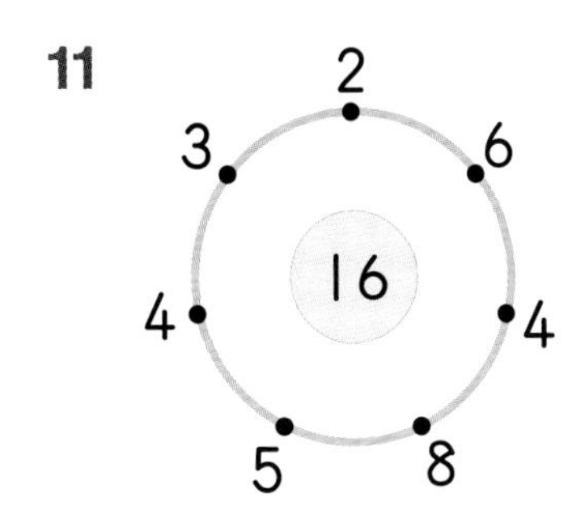

12

1
2
4
12
3
6
7
5

13

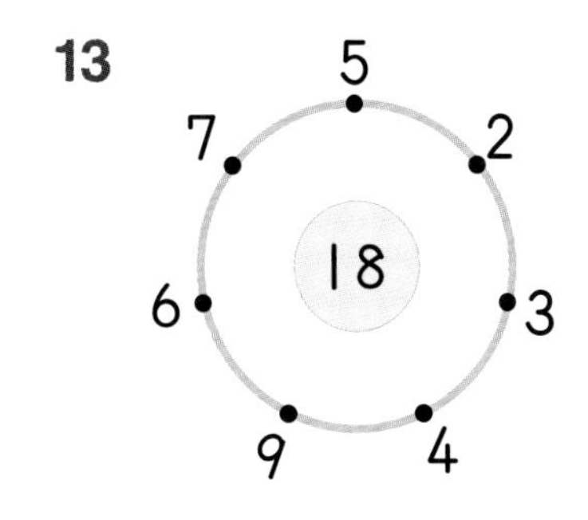

14

7
8
2
24
6
4
5
3

15

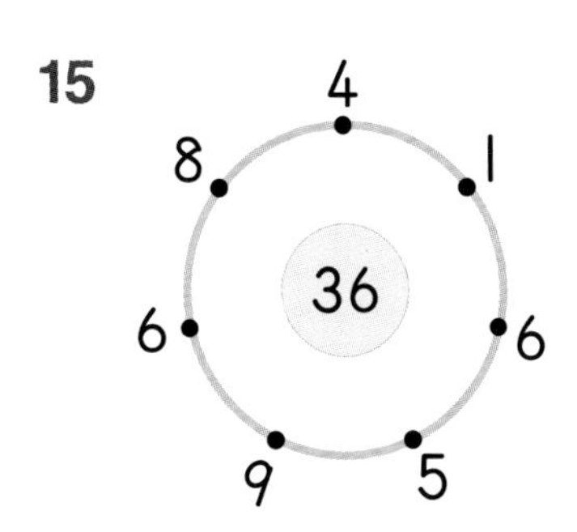

12 집중 연산 ❸

◐ ▢ 안에 알맞은 수를 써넣으세요.

1 $8\times\square=24$

$8\times\square=64$

2 $6\times\square=18$

$6\times\square=30$

3 $4\times\square=12$

$4\times\square=28$

4 $2\times\square=10$

$2\times\square=14$

5 $5\times\square=20$

$5\times\square=45$

6 $3\times\square=24$

$3\times\square=15$

7 $5\times\square=35$

$5\times\square=40$

8 $7\times\square=21$

$7\times\square=42$

9 $9\times\square=27$

$9\times\square=63$

10 $6\times\square=42$

$2\times\square=12$

11 $4\times\square=24$

$8\times\square=48$

12 $3\times\square=12$

$7\times\square=56$

13 $9\times\square=36$

$5\times\square=25$

14 $3\times\square=21$

$6\times\square=36$

15 $9\times\square=54$

$8\times\square=40$

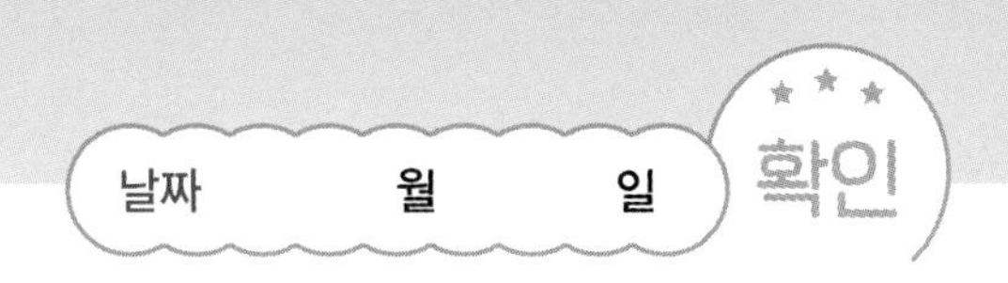

16 $\square \times 2 = 18$

$\square \times 5 = 15$

17 $\square \times 6 = 36$

$\square \times 8 = 32$

18 $\square \times 7 = 28$

$\square \times 3 = 24$

19 $\square \times 9 = 54$

$\square \times 4 = 20$

20 $\square \times 5 = 35$

$\square \times 7 = 49$

21 $\square \times 2 = 16$

$\square \times 8 = 40$

22 $\square \times 3 = 27$

$\square \times 6 = 48$

23 $\square \times 8 = 56$

$\square \times 4 = 32$

24 $\square \times 9 = 72$

$\square \times 5 = 45$

25 $\square \times 7 = 35$

$\square \times 3 = 18$

26 $\square \times 9 = 36$

$\square \times 6 = 24$

27 $\square \times 4 = 16$

$\square \times 2 = 12$

28 $\square \times 5 = 20$

$\square \times 2 = 14$

29 $\square \times 8 = 48$

$\square \times 3 = 21$

30 $\square \times 9 = 63$

$\square \times 7 = 42$

13 집중 연산 ❹

◐ ▢ 안에 알맞은 수를 써넣으세요.

1 $1 \times \square = 3$

$1 \times \square = 8$

2 $1 \times \square = 9$

$1 \times \square = 5$

3 $1 \times \square = 2$

$1 \times \square = 7$

4 $4 \times \square = 0$

$7 \times \square = 0$

5 $3 \times \square = 0$

$8 \times \square = 0$

6 $5 \times \square = 0$

$9 \times \square = 0$

7 $\square \times 1 = 6$

$\square \times 1 = 2$

8 $\square \times 1 = 3$

$\square \times 1 = 4$

9 $\square \times 7 = 0$

$\square \times 5 = 0$

10 $\square \times 8 = 0$

$\square \times 9 = 0$

11 $6 \times \square = 0$

$1 \times \square = 4$

12 $\square \times 1 = 5$

$\square \times 3 = 0$

13 $1 \times \square = 6$

$2 \times \square = 0$

14 $\square \times 4 = 0$

$\square \times 1 = 7$

15 $1 \times \square = 9$

$8 \times \square = 0$

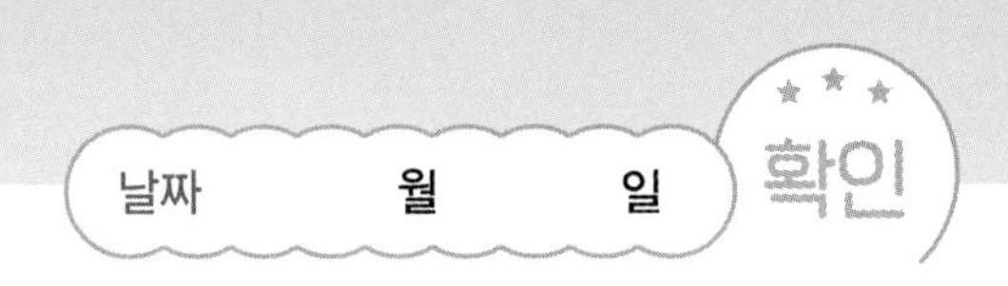

16 $\square \times 3 = 3 \times 5$

$\square \times 8 = 8 \times 3$

17 $\square \times 7 = 7 \times 4$

$\square \times 5 = 5 \times 2$

18 $\square \times 4 = 4 \times 6$

$\square \times 6 = 6 \times 9$

19 $7 \times \square = 5 \times 7$

$4 \times \square = 3 \times 4$

20 $6 \times \square = 2 \times 6$

$9 \times \square = 7 \times 9$

21 $5 \times \square = 4 \times 5$

$8 \times \square = 4 \times 8$

22 $3 \times 7 = 7 \times \square$

$5 \times 6 = 6 \times \square$

23 $8 \times 6 = 6 \times \square$

$2 \times 9 = 9 \times \square$

24 $7 \times 2 = 2 \times \square$

$9 \times 4 = 4 \times \square$

25 $8 \times 2 = \square \times 8$

$9 \times 5 = \square \times 9$

26 $4 \times 2 = \square \times 4$

$7 \times 3 = \square \times 7$

27 $6 \times 7 = \square \times 6$

$3 \times 5 = \square \times 3$

28 $5 \times \square = 4 \times 5$

$\square \times 6 = 6 \times 8$

29 $4 \times \square = 6 \times 4$

$\square \times 9 = 9 \times 8$

30 $3 \times \square = 9 \times 3$

$\square \times 6 = 6 \times 7$

길이의 합

자, 이제 이 세 참가자
중에 우승자는
누구일까요?

우승하면 무슨
소원을 빌고 싶은지
물어볼까요?

네, 저는 움직이는
나무 인형이 아니라
진짜 사람이 되고
싶어요.

저는 예쁜 옷과
보석을 갖고 싶어요.

저는 서커스
단장이 되어서
옆에 친구들과
함께 서커스를
하고 싶어요.
피노키오,
기다려라.
괴롭혀 주마.
크크크

멋진 소원들이네요.
자, 다음 문제입니다.

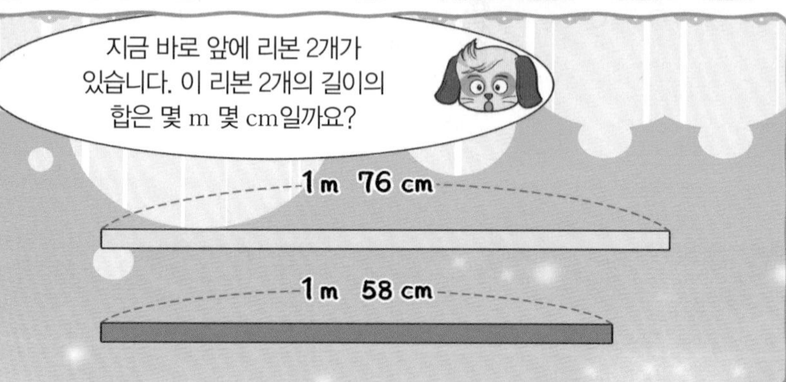
지금 바로 앞에 리본 2개가
있습니다. 이 리본 2개의 길이의
합은 몇 m 몇 cm일까요?
1 m 76 cm
1 m 58 cm

아니! 이건!

프랑스산 고급
실크 리본이잖아!

$$\begin{array}{r} \scriptstyle 1 \quad\quad\quad\quad\quad \\ 1\ \text{m}\ \ 76\ \text{cm} \\ +\ 1\ \text{m}\ \ 58\ \text{cm} \\ \hline 3\ \text{m}\ \ 34\ \text{cm} \end{array}$$

학습내용

- ▶ m와 cm 사이의 관계
- ▶ 받아올림이 없는 길이의 합
- ▶ 받아올림이 있는 길이의 합
- ▶ 길이의 합을 ▲ m ■ cm로 나타내기
- ▶ 길이의 합을 ■ cm로 나타내기

01 m와 cm 사이의 관계

✢ 1 m 알아보기

100 cm=1 m

1 m

1 미터라고 읽어요.

1 m는 1 cm의 100배예요.

✢ m와 cm 사이의 관계 알아보기

125 cm=1 m 25 cm

100 cm+25 cm

1 m 25 cm는
1 미터 25 센티미터라고 읽어요.

◐ ☐ 안에 알맞은 수를 써넣으세요.

1 2 m=☐ cm

4 m=☐ cm

2 143 cm=1 m ☐ cm

252 cm=☐ m 52 cm

3 5 m=☐ cm

8 m=☐ cm

4 238 cm=☐ m ☐ cm

795 cm=☐ m ☐ cm

5 ☐ m=300 cm

☐ m=700 cm

6 561 cm=☐ m ☐ cm

614 cm=☐ m ☐ cm

7 ☐ m=900 cm

☐ m=600 cm

8 ☐ cm=1 m 74 cm

☐ cm=4 m 18 cm

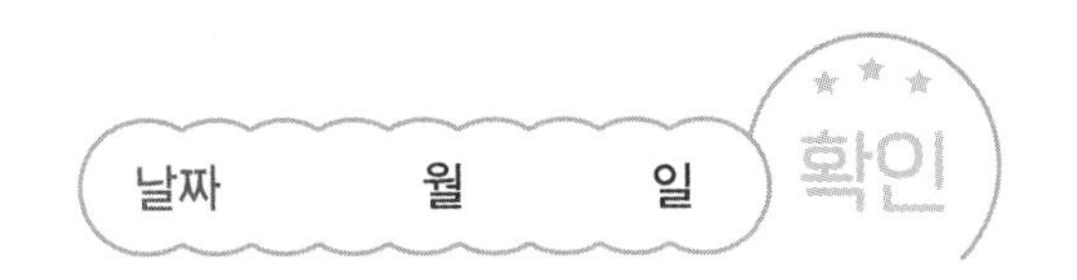

9 펭귄은 m는 cm로, cm는 m로 바르게 나타낸 곳만 지나서 물고기를 먹을 수 있습니다. 길을 따라 가며 선을 그어 보고 펭귄이 먹게 될 물고기에 ○표 하세요.

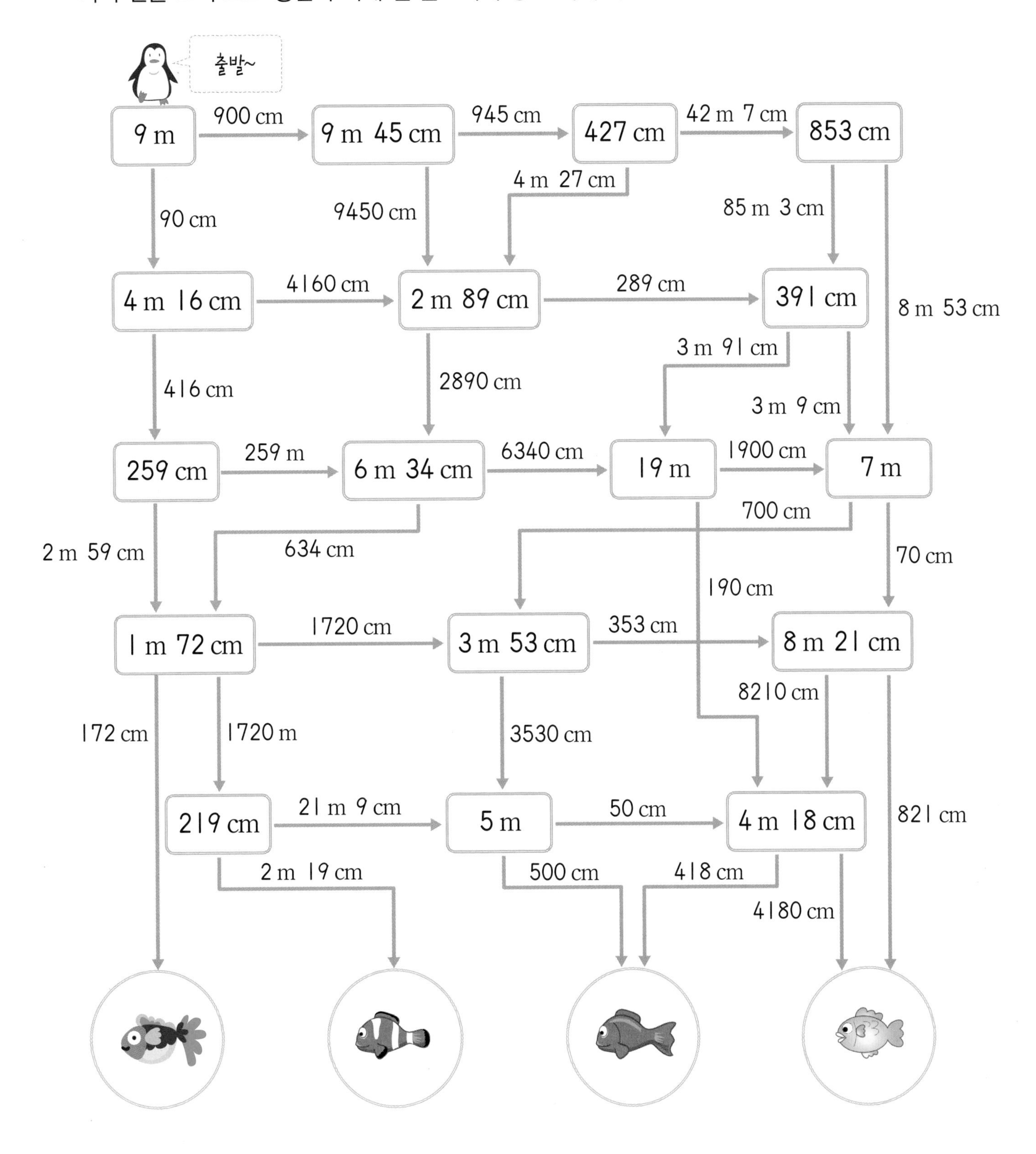

02 받아올림이 없는 길이의 합 (1)

✣ 1 m 23 cm+2 m 56 cm의 계산 ─ 세로셈

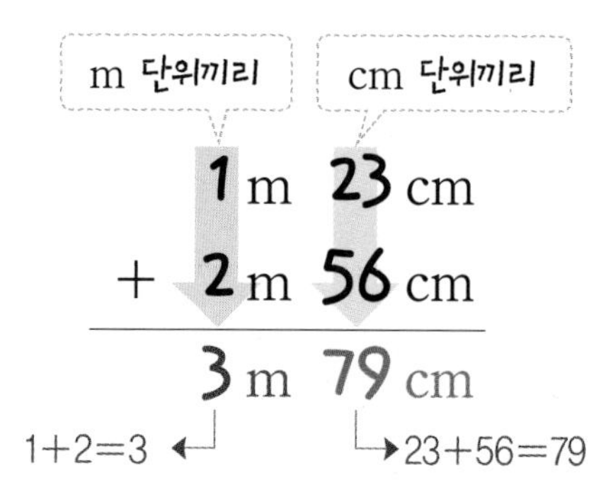

단위는 그대로 쓰고 자연수의 덧셈과 같이 계산해요.

◑ 길이의 합을 구하세요.

1

	1	m	12	cm
+	3	m	32	cm
		m		cm

2

	5	m	24	cm
+	1	m	51	cm
		m		cm

3

	2	m	36	cm
+	4	m	11	cm
		m		cm

4

	2	m	54	cm
+	5	m	21	cm
		m		cm

5

	3	m	62	cm
+	2	m	27	cm
		m		cm

6

	4	m	47	cm
+	5	m	41	cm
		m		cm

7

	3	m	75	cm
+	6	m	14	cm
		m		cm

8

	5	m	55	cm
+	3	m	13	cm
		m		cm

9

	4	m	34	cm
+	4	m	43	cm
		m		cm

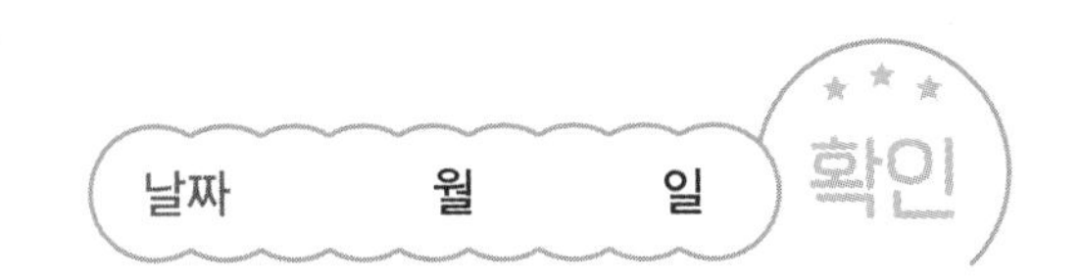

◑ 동물 우리 사이의 거리를 보고 보기 와 같이 주어진 거리의 합을 구하세요.

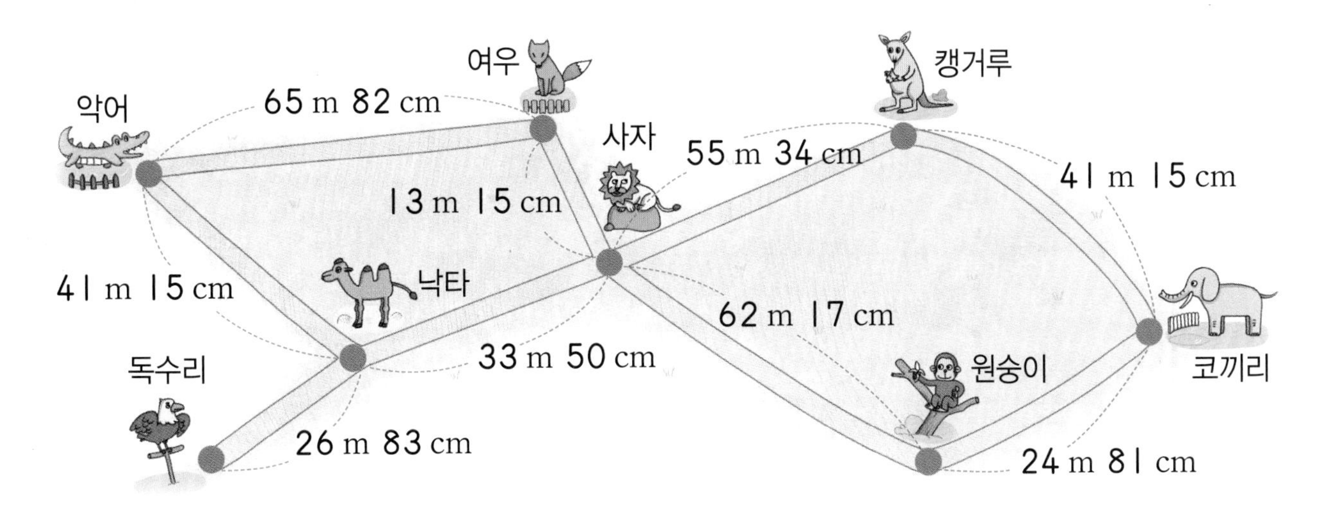

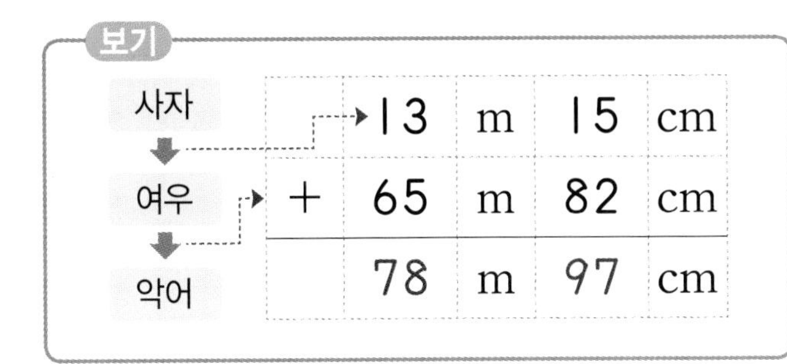

	13	m	15	cm
+	65	m	82	cm
	78	m	97	cm

10 사자 → 낙타 → 악어

	33	m	50	cm
+	41	m	15	cm
		m		cm

11 사자 → 캥거루 → 코끼리

	55	m	34	cm
+		m		cm
		m		cm

12 사자 → 원숭이 → 코끼리

		m		cm
+		m		cm
		m		cm

13 여우 → 사자 → 캥거루

		m		cm
+		m		cm
		m		cm

14 캥거루 → 사자 → 낙타

		m		cm
+		m		cm
		m		cm

15 악어 → 낙타 → 독수리

		m		cm
+		m		cm
		m		cm

16 원숭이 → 코끼리 → 캥거루

		m		cm
+		m		cm
		m		cm

03 받아올림이 없는 길이의 합 (2)

✤ 1 m 23 cm+2 m 56 cm의 계산 — 가로셈

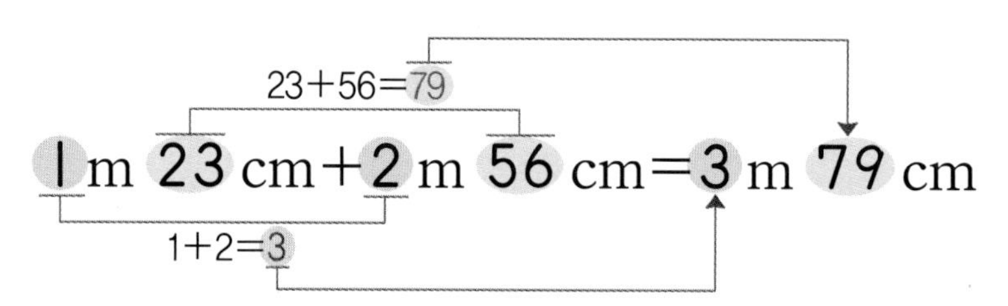

◑ 길이의 합을 구하세요.

1 3 m 15 cm+2 m 21 cm
=5 m ☐ cm

2 1 m 24 cm+3 m 54 cm
=☐ m 78 cm

3 4 m 29 cm+5 m 40 cm
=☐ m ☐ cm

4 6 m 13 cm+2 m 25 cm
=☐ m ☐ cm

5 6 m 21 cm+1 m 36 cm
=☐ m ☐ cm

6 2 m 26 cm+7 m 13 cm
=☐ m ☐ cm

7 3 m 12 cm+2 m 42 cm
=☐ m ☐ cm

8 5 m 65 cm+3 m 34 cm
=☐ m ☐ cm

9 8 m 52 cm+1 m 35 cm
=☐ m ☐ cm

10 2 m 17 cm+2 m 71 cm
=☐ m ☐ cm

날짜 월 일 확인

● 길이의 합을 구하세요.

11 4 m 52 cm+1 m 14 cm

12 7 m 19 cm+2 m 60 cm

13 3 m 44 cm+5 m 25 cm

14 1 m 56 cm+6 m 23 cm

15 2 m 17 cm+2 m 51 cm

16 2 m 80 cm+1 m 16 cm

17 9 m 13 cm+2 m 74 cm

18 6 m 56 cm+4 m 11 cm

19 1 m 49 cm+1 m 50 cm

20 3 m 76 cm+3 m 12 cm

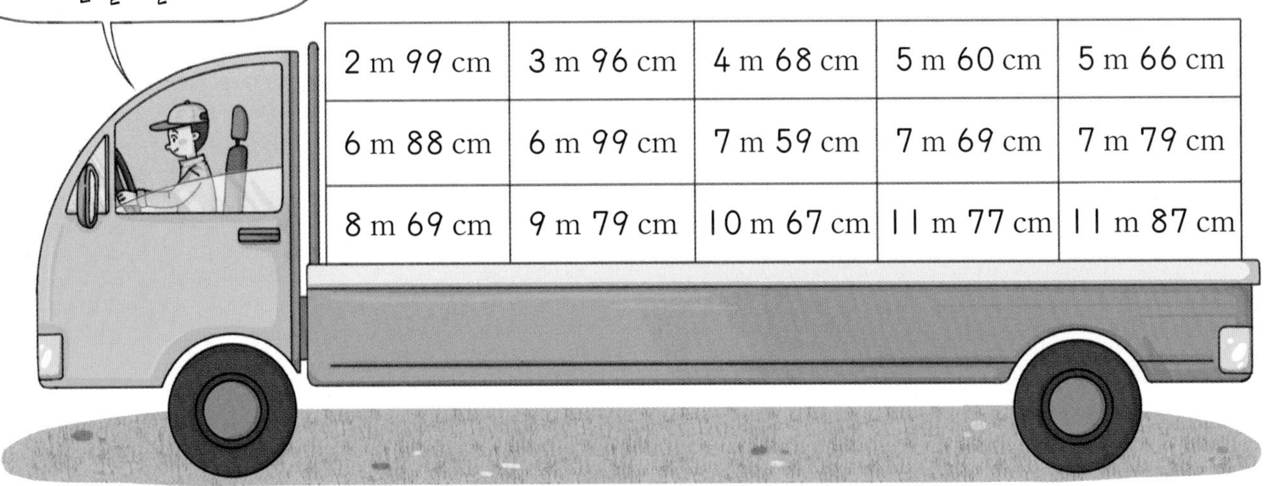

2 m 99 cm	3 m 96 cm	4 m 68 cm	5 m 60 cm	5 m 66 cm
6 m 88 cm	6 m 99 cm	7 m 59 cm	7 m 69 cm	7 m 79 cm
8 m 69 cm	9 m 79 cm	10 m 67 cm	11 m 77 cm	11 m 87 cm

04 받아올림이 있는 길이의 합 (1)

✣ 1 m 69 cm+2 m 56 cm의 계산 — 세로셈

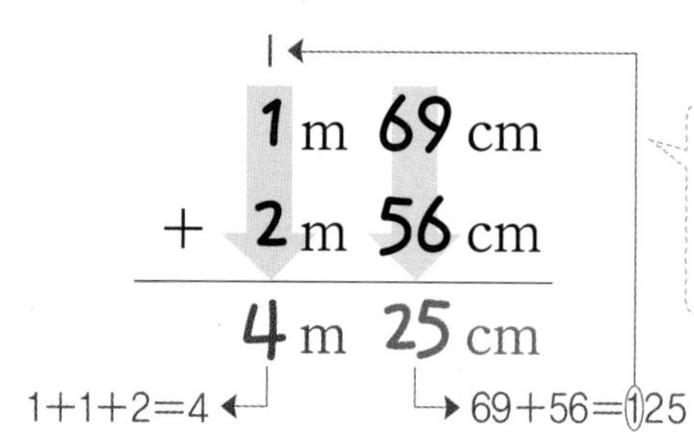

cm는 cm끼리,
m는 m끼리
계산해요.

◑ 길이의 합을 구하세요.

1

	1	m	54	cm
+	3	m	58	cm
		m		cm

2

	3	m	92	cm
+	1	m	29	cm
		m		cm

3

	2	m	36	cm
+	4	m	86	cm
		m		cm

4

	2	m	89	cm
+	5	m	51	cm
		m		cm

5

	4	m	65	cm
+	2	m	76	cm
		m		cm

6

	3	m	87	cm
+	5	m	41	cm
		m		cm

7

	1	m	95	cm
+			14	cm
		m		cm

8

	5	m	55	cm
+			68	cm
		m		cm

9

	4	m	79	cm
+			43	cm
		m		cm

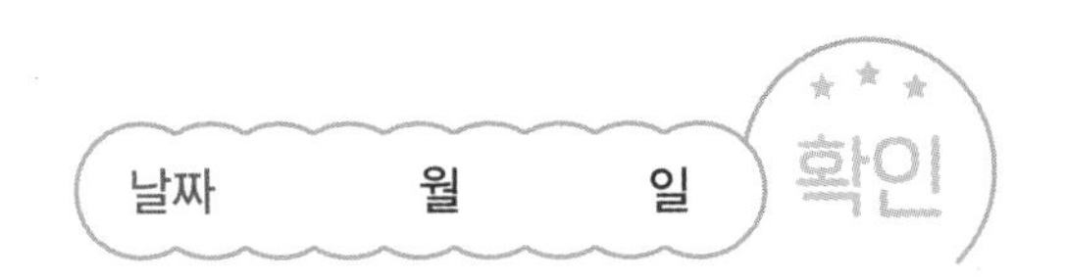

◑ 상자를 포장하는 데 사용한 끈의 길이의 합을 구하세요.

10

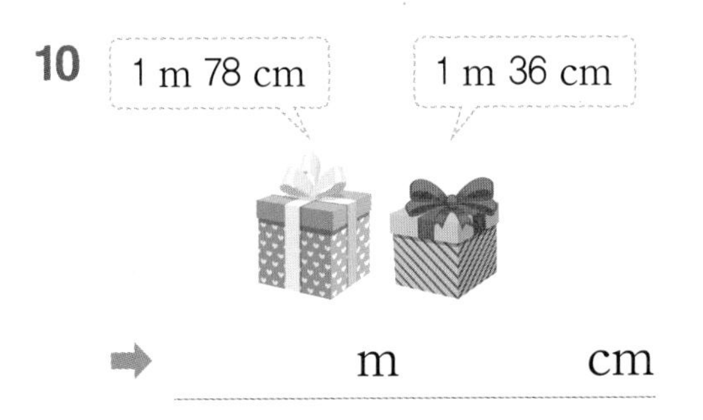

➡ m cm

11

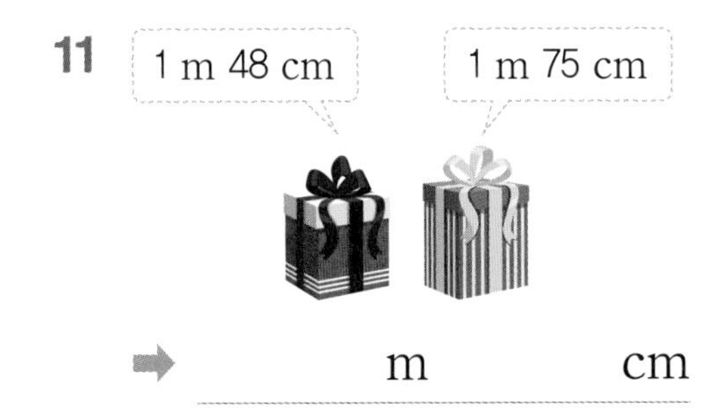

➡ m cm

12

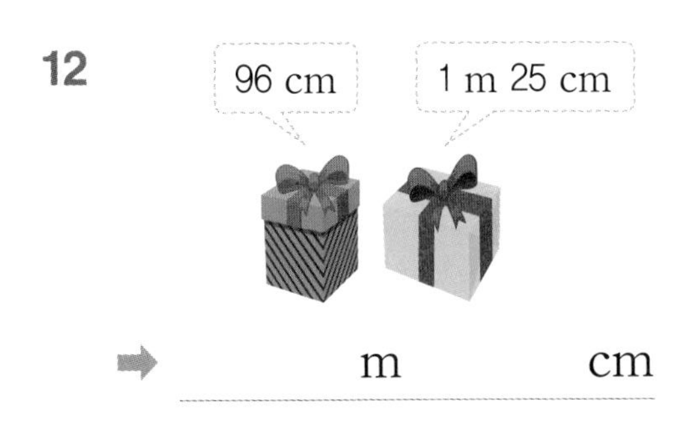

➡ m cm

13

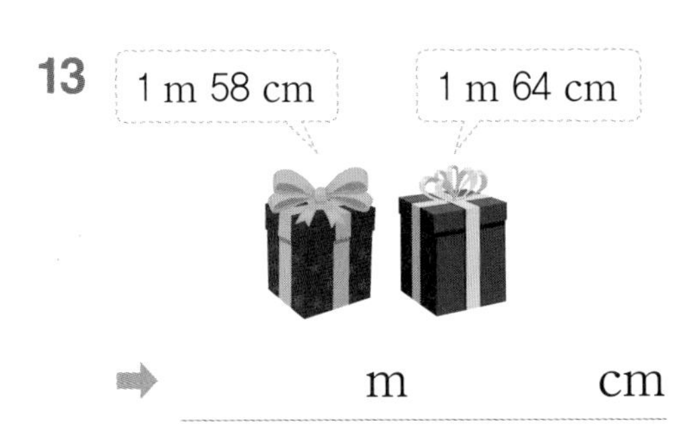

➡ m cm

14

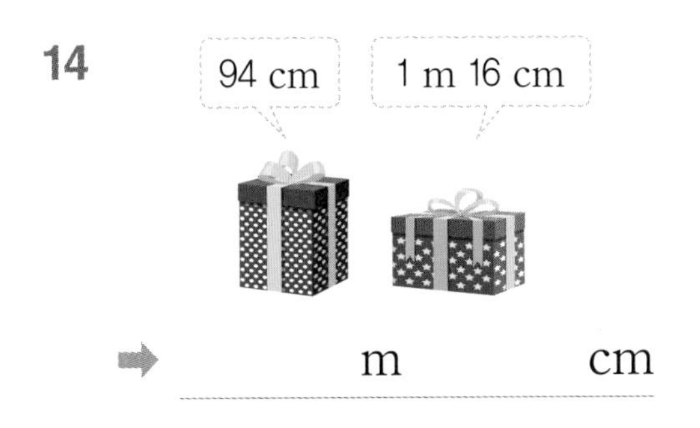

➡ m cm

15

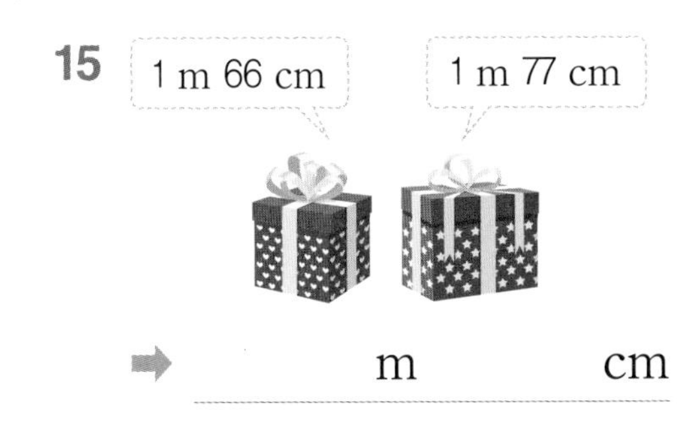

➡ m cm

16

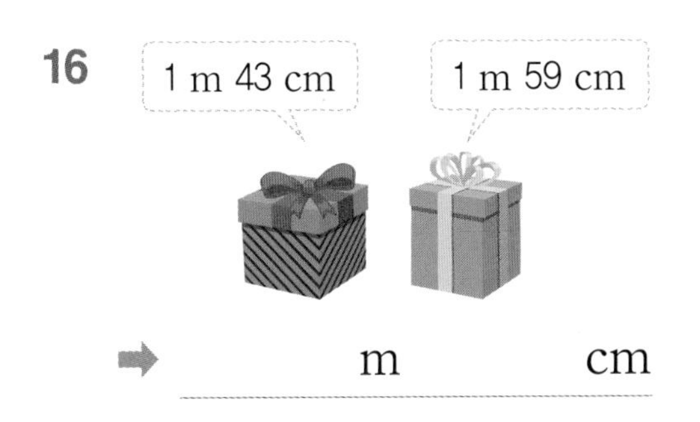

➡ m cm

17

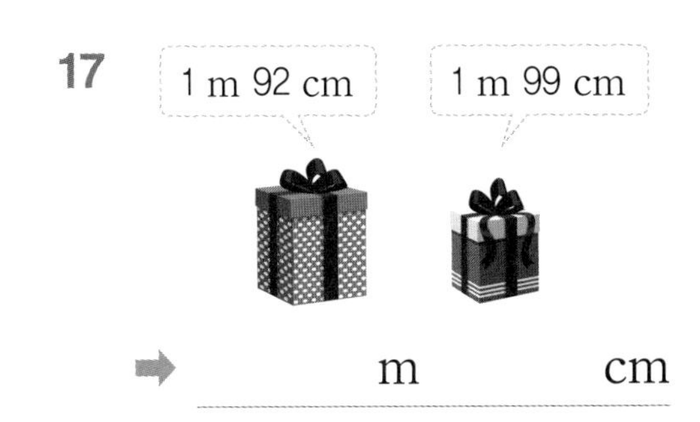

➡ m cm

05 받아올림이 있는 길이의 합 (2)

✤ 1 m 69 cm+2 m 56 cm의 계산 — 가로셈

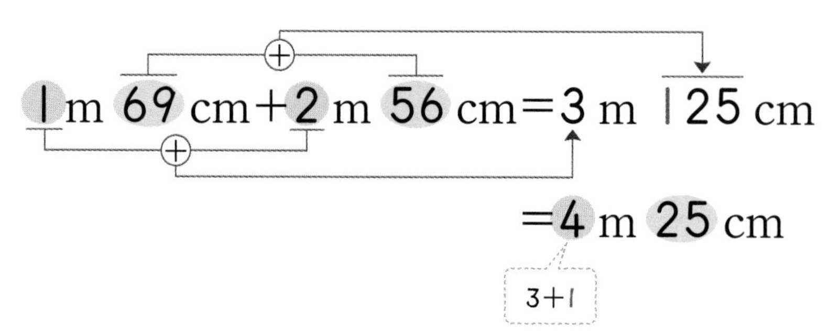

● 길이의 합을 구하세요.

1 3 m 85 cm+2 m 31 cm
=☐ m 16 cm

2 3 m 15 cm+2 m 97 cm
=6 m ☐ cm

3 4 m 65 cm+2 m 58 cm
=☐ m ☐ cm

4 1 m 46 cm+5 m 76 cm
=☐ m ☐ cm

5 2 m 47 cm+4 m 68 cm
=☐ m ☐ cm

6 6 m 94 cm+1 m 38 cm
=☐ m ☐ cm

7 3 m 18 cm+8 m 93 cm
=☐ m ☐ cm

8 12 m 33 cm+1 m 97 cm
=☐ m ☐ cm

9 5 m 26 cm+91 cm
=☐ m ☐ cm

10 52 cm+1 m 88 cm
=☐ m ☐ cm

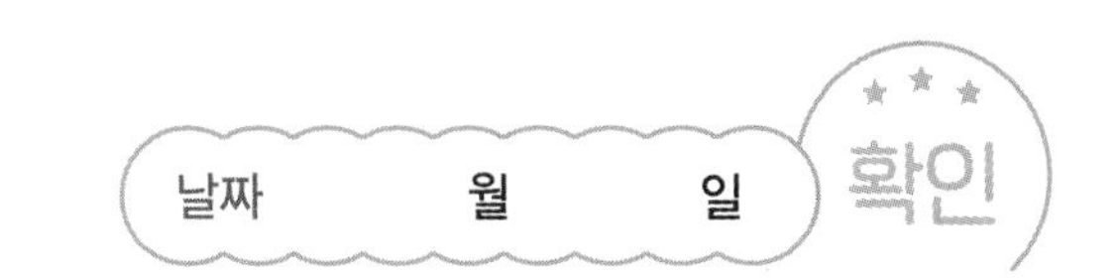
날짜 월 일
확인

◑ 길이의 합을 구하세요.

11. 1 m 19 cm+3 m 92 cm
2 m 56 cm+2 m 55 cm
캐롤
12. 4 m 78 cm+3 m 54 cm
6 m 64 cm+1 m 68 cm
산타
13. 3 m 86 cm+2 m 57 cm
5 m 68 cm+75 cm
선물
14. 3 m 72 cm+2 m 56 cm
4 m 73 cm+94 cm
동자
15. 8 m 24 cm+1 m 88 cm
7 m 39 cm+2 m 75 cm
연등
16. 5 m 65 cm+3 m 57 cm
4 m 36 cm+4 m 86 cm
루돌프
길이의 합이 같은 문제의 단어를 찾아 ○표 하고 ○표 한 단어를 보고 연상되는 날을 알아맞혀 보세요.

06 길이의 합을 ▲ m ■ cm로 나타내기

✣ 140 cm+2 m 50 cm의 계산

$$140\text{ cm}+2\text{ m }50\text{ cm}=1\text{ m }40\text{ cm}+2\text{ m }50\text{ cm}$$

→ 100 cm+40 cm=1 m 40 cm

$$=3\text{ m }90\text{ cm}$$

1+2=3　　40+50=90

◐ 길이의 합은 몇 m 몇 cm인지 구하세요.

1 120 cm+2 m
=1 m □ cm+2 m
=□ m □ cm

2 6 m+310 cm
=6 m+□ m 10 cm
=□ m □ cm

3 230 cm+6 m 40 cm
=□ m □ cm

4 4 m 20 cm+160 cm
=□ m □ cm

5 458 cm+2 m 20 cm
=□ m □ cm

6 2 m 66 cm+530 cm
=□ m □ cm

7 342 cm+4 m 73 cm
=□ m □ cm

8 2 m 62 cm+697 cm
=□ m □ cm

9 475 cm+5 m 66 cm
=□ m □ cm

10 3 m 83 cm+978 cm
=□ m □ cm

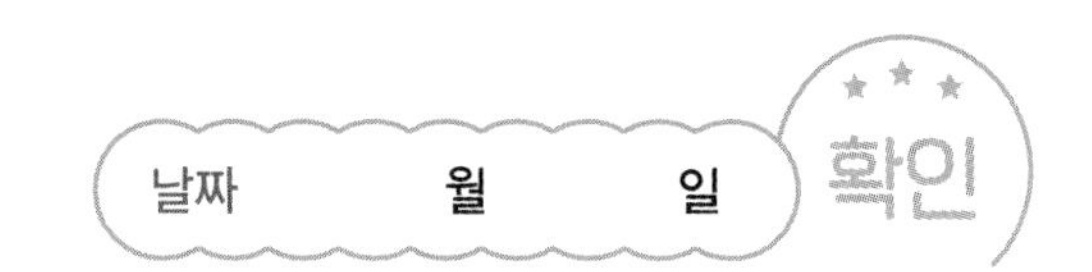

◐ 길이의 합을 구하세요.

11 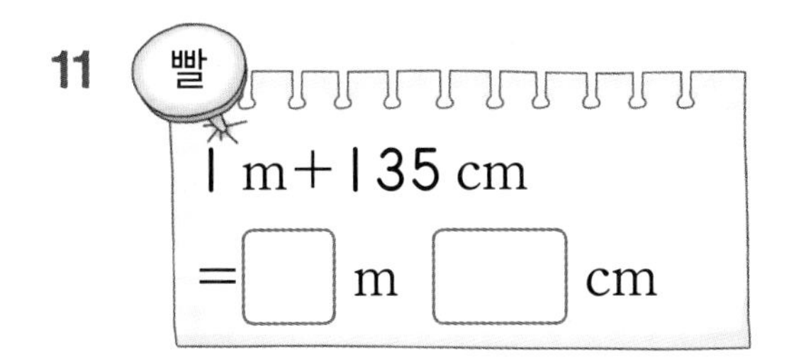

12 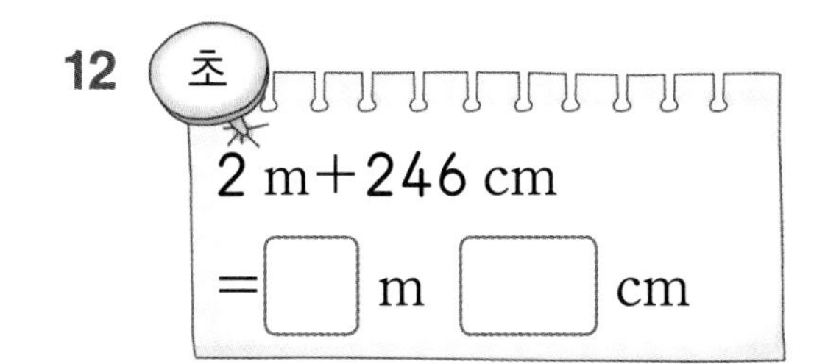

13 노

270 cm+2 m 58 cm

=☐ m ☐ cm

14 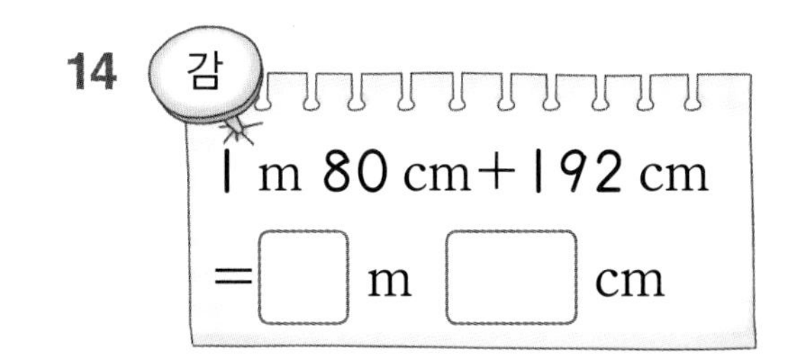

15 분

347 cm+4 m 13 cm

=☐ m ☐ cm

16 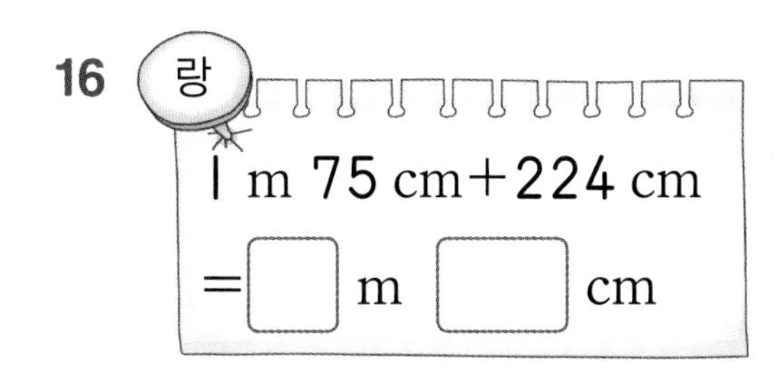

17 록

378 cm+5 m 98 cm

=☐ m ☐ cm

18 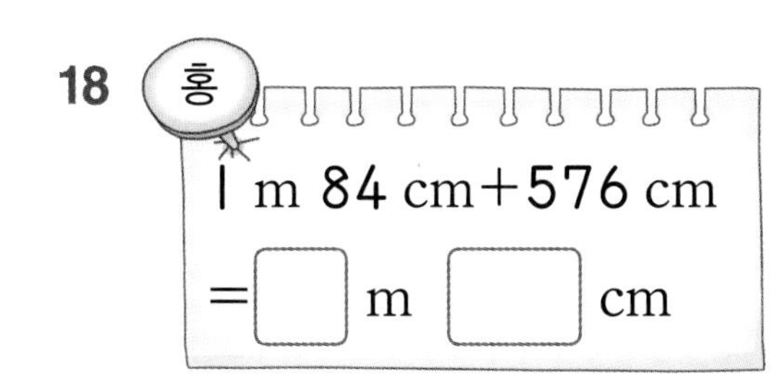

카네이션

장미

수국

길이의 합이 같은 식에 해당하는 글자에 ◯표 하고 ◯표 한 글자의 색과 관련된 꽃은 무엇일까요?

07 길이의 합을 ■ cm로 나타내기

✣ 140 cm+2 m 50 cm의 계산

$$140\text{ cm}+2\text{ m }50\text{ cm}=1\text{ m }40\text{ cm}+2\text{ m }50\text{ cm}$$
$$=3\text{ m }90\text{ cm}$$
$$=390\text{ cm}$$

cm 단위로만

◑ 길이의 합은 몇 cm인지 구하세요.

1 160 cm+4 m
=☐ cm

2 5 m+260 cm
=☐ cm

3 120 cm+2 m 40 cm
=☐ cm

4 4 m 40 cm+350 cm
=☐ cm

5 620 cm+1 m 19 cm
=☐ cm

6 2 m 31 cm+318 cm
=☐ cm

7 124 cm+7 m 53 cm
=☐ cm

8 3 m 75 cm+265 cm
=☐ cm

9 257 cm+4 m 68 cm
=☐ cm

10 5 m 84 cm+346 cm
=☐ cm

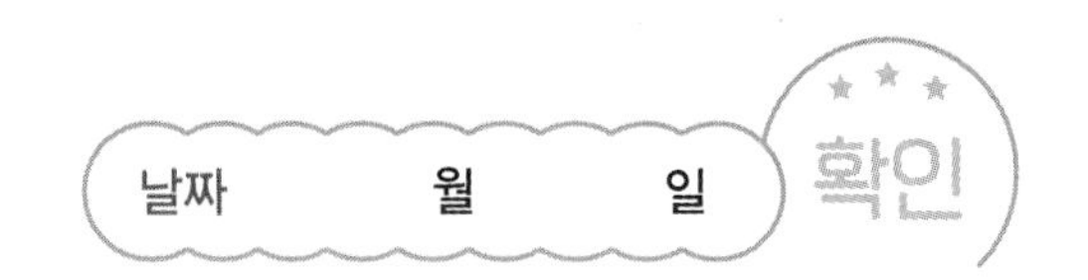

◐ 길이의 합은 몇 cm인지 구하세요.

11 1 m 80 cm+4 m=☐ cm (데)

12 450 cm+2 m=☐ cm (닫)

13 230 cm+2 m 50 cm=☐ cm (인)

14 190 cm+1 m 20 cm=☐ cm (문)

15 320 cm+4 m 70 cm=☐ cm (못)

16 260 cm+5 m 80 cm=☐ cm (하)

17 2 m 44 cm+632 cm=☐ cm (문)

18 5 m 42 cm+316 cm=☐ cm (는)

19 4 m 78 cm+453 cm=☐ cm (은)

20 6 m 37 cm+142 cm=☐ cm (지)

계산 결과에 해당하는 글자를 빈칸에 써넣어
만든 수수께끼의 답은 무엇일까요?

수수께끼

310	480	580	650	779	790	840	858	876	931

?

08 집중 연산 ❶

● [ ] 안의 길이와 관계없는 것에 모두 ×표 하세요.

1

3 미터 10 센티미터	310 cm
3 m 10 cm	
310 m	310 센티미터

2

105 센티미터	1 m 50 cm
105 cm	
1 m 5 cm	1 미터 5 센티미터

3

7 미터 23 센티미터	723 미터
7 m 23 cm	
723 cm	723 센티미터

4

2 m 71 cm	2 미터 71 센티미터
271 cm	
271 센티미터	271 미터

5

618 센티미터	618 cm
6 m 18 cm	
618 m	6 미터 18 센티미터

6

50 센티미터	50 cm
5 m	
500 cm	500 센티미터

7

495 m	495 미터
4 m 95 cm	
495 cm	495 센티미터

8

800 cm	80 센티미터
8 m	
800 센티미터	8 미터

● 화살표를 따라 두 길이의 합은 몇 m 몇 cm인지 빈칸에 써넣으세요.

9

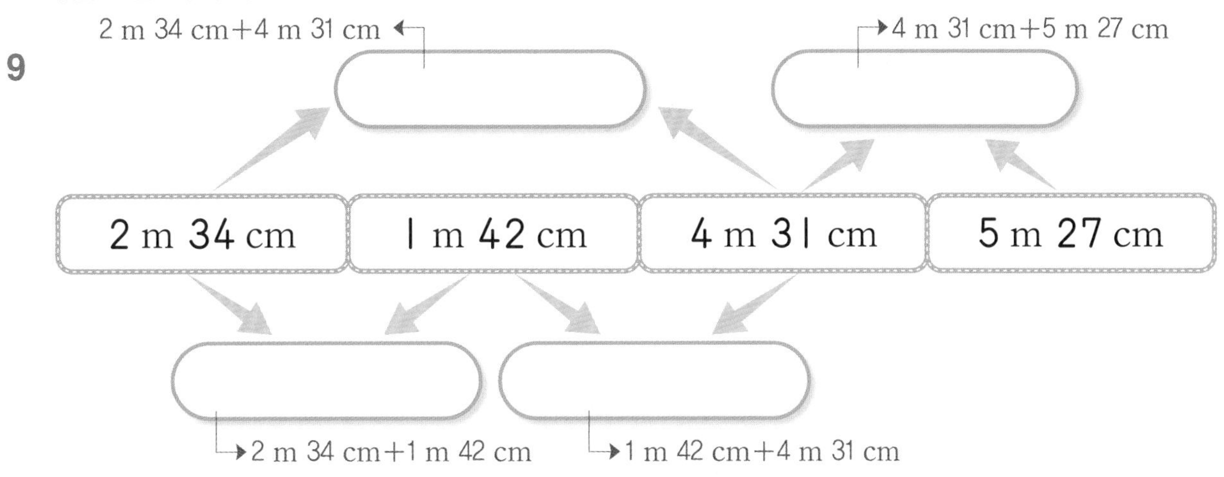

10

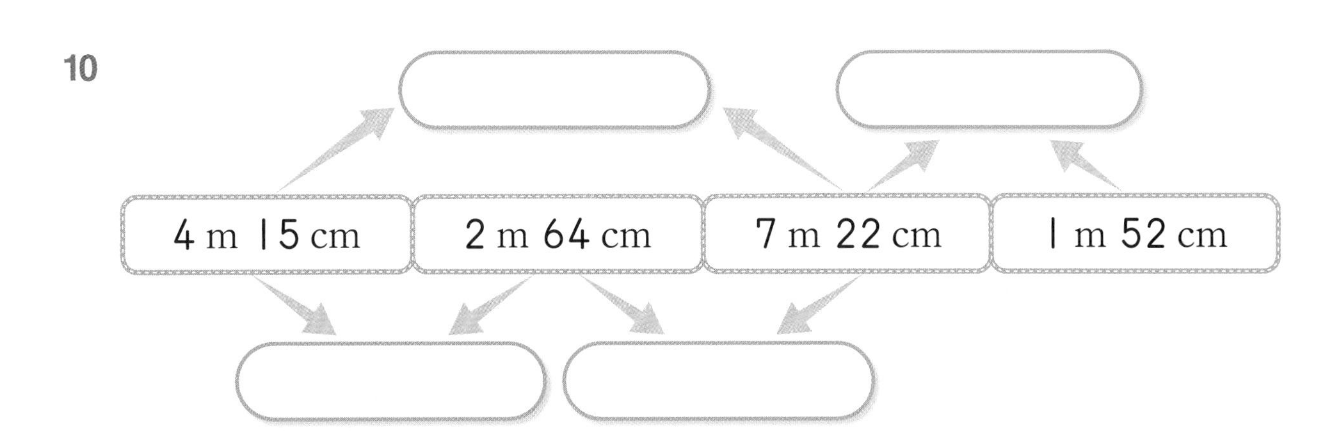

11

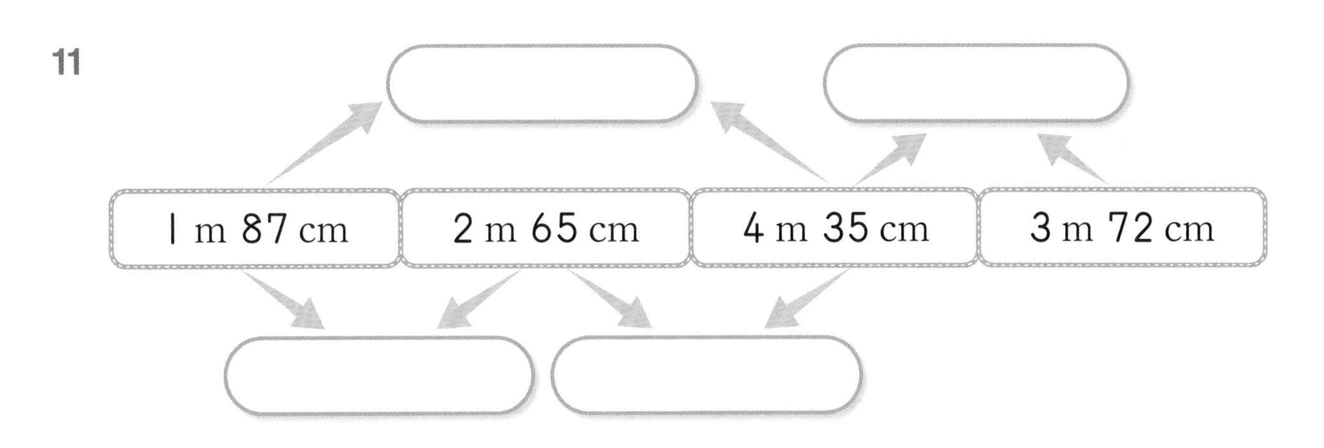

09 집중 연산 ❷

◑ 길이의 합을 구하세요.

1
$$\begin{array}{r} 5\text{ m }21\text{ cm} \\ +\ 3\text{ m }58\text{ cm} \\ \hline \text{ m }\quad\text{ cm} \end{array}$$

2
$$\begin{array}{r} 4\text{ m }13\text{ cm} \\ +\ 1\text{ m }43\text{ cm} \\ \hline \text{ m }\quad\text{ cm} \end{array}$$

3
$$\begin{array}{r} 6\text{ m }24\text{ cm} \\ +\ 2\text{ m }11\text{ cm} \\ \hline \text{ m }\quad\text{ cm} \end{array}$$

4
$$\begin{array}{r} 12\text{ m }72\text{ cm} \\ +\ 4\text{ m }11\text{ cm} \\ \hline \text{ m }\quad\text{ cm} \end{array}$$

5
$$\begin{array}{r} 6\text{ m }85\text{ cm} \\ +\ 2\text{ m }67\text{ cm} \\ \hline \text{ m }\quad\text{ cm} \end{array}$$

6
$$\begin{array}{r} 8\text{ m }74\text{ cm} \\ +\ 5\text{ m }56\text{ cm} \\ \hline \text{ m }\quad\text{ cm} \end{array}$$

7
$$\begin{array}{r} 13\text{ m }96\text{ cm} \\ +\ 5\text{ m }14\text{ cm} \\ \hline \text{ m }\quad\text{ cm} \end{array}$$

8
$$\begin{array}{r} 21\text{ m }59\text{ cm} \\ +\ 13\text{ m }96\text{ cm} \\ \hline \text{ m }\quad\text{ cm} \end{array}$$

9
$$\begin{array}{r} 16\text{ m }47\text{ cm} \\ +\ 14\text{ m }54\text{ cm} \\ \hline \text{ m }\quad\text{ cm} \end{array}$$

10
$$\begin{array}{r} 7\text{ m }55\text{ cm} \\ +\ 93\text{ cm} \\ \hline \text{ m }\quad\text{ cm} \end{array}$$

11
$$\begin{array}{r} 13\text{ m }65\text{ cm} \\ +\ 95\text{ cm} \\ \hline \text{ m }\quad\text{ cm} \end{array}$$

12
$$\begin{array}{r} 15\text{ m }85\text{ cm} \\ +\ 49\text{ cm} \\ \hline \text{ m }\quad\text{ cm} \end{array}$$

13
$$\begin{array}{r} 75\text{ cm} \\ +\ 3\text{ m }47\text{ cm} \\ \hline \text{ m }\quad\text{ cm} \end{array}$$

14
$$\begin{array}{r} 67\text{ cm} \\ +\ 17\text{ m }59\text{ cm} \\ \hline \text{ m }\quad\text{ cm} \end{array}$$

15
$$\begin{array}{r} 83\text{ cm} \\ +\ 16\text{ m }54\text{ cm} \\ \hline \text{ m }\quad\text{ cm} \end{array}$$

● 길이의 합은 몇 m 몇 cm인지 구하세요.

16 2 m 42 cm+5 m 45 cm

17 4 m 16 cm+2 m 61 cm

18 5 m 34 cm+4 m 52 cm

19 7 m 16 cm+1 m 32 cm

20 4 m 46 cm+89 cm

21 98 cm+13 m 15 cm

● 길이의 합은 몇 cm인지 구하세요.

22 150 cm+3 m 20 cm

23 350 cm+1 m 40 cm

24 438 cm+2 m 57 cm

25 285 cm+6 m 76 cm

26 2 m 10 cm+316 cm

27 1 m 60 cm+452 cm

28 3 m 69 cm+547 cm

29 2 m 96 cm+648 cm

5 길이의 차

'수학스타 M' 드디어
결승 문제만 남았습니다.

우승은 내 거다!
피노키오.

마지막
결승 문제입니다.

토끼 두 마리가
멀리뛰기를 하였습니다.

출발~!
다 다 다 다 닷

탁
탁

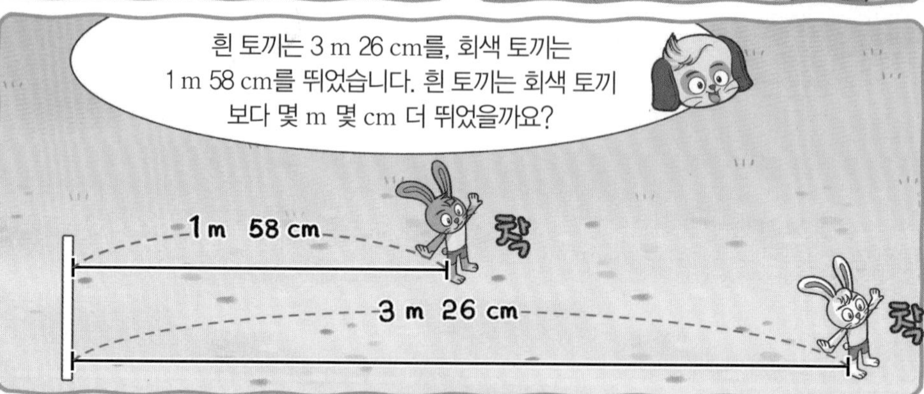
흰 토끼는 3 m 26 cm를, 회색 토끼는
1 m 58 cm를 뛰었습니다. 흰 토끼는 회색 토끼
보다 몇 m 몇 cm 더 뛰었을까요?
1 m 58 cm
착
3 m 26 cm
착

정답!

이렇게 길이의 차를
구하면 되니까
정답은 1 m 68 cm!
2 100
3 m 26 cm
− 1 m 58 cm
1 m 68 cm

학습내용

- 받아내림이 없는 길이의 차
- 받아내림이 있는 길이의 차
- 받아내림이 있는 ◆ m−▲ m ■ cm
- 길이의 차를 ▲ m ■ cm로 나타내기
- 길이의 차를 ■ cm로 나타내기

01 받아내림이 없는 길이의 차 (1)

✢ 3 m 47 cm−1 m 23 cm의 계산 — 세로셈

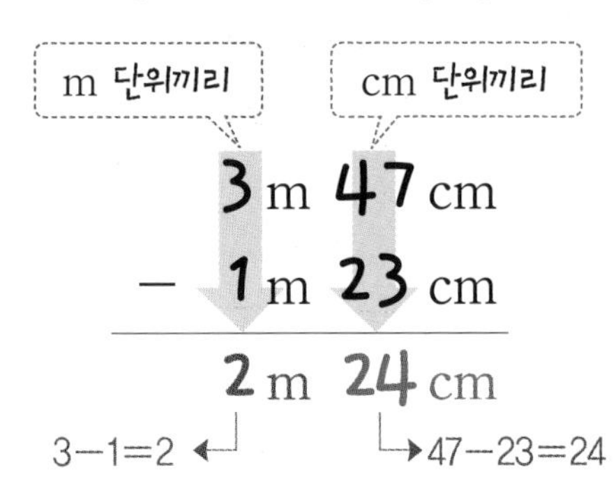

단위는 그대로 쓰고
자연수의 뺄셈과
같이 계산해요.

◑ 길이의 차를 구하세요.

1

	3	m	32	cm
−	1	m	12	cm
		m		cm

2

	5	m	54	cm
−	4	m	31	cm
		m		cm

3

	4	m	36	cm
−	1	m	11	cm
		m		cm

4

	5	m	54	cm
−	2	m	21	cm
		m		cm

5

	4	m	69	cm
−	2	m	27	cm
		m		cm

6

	6	m	47	cm
−	3	m	41	cm
		m		cm

7

	7	m	65	cm
−	5	m	14	cm
		m		cm

8

	9	m	96	cm
−	3	m	23	cm
		m		cm

9

	8	m	79	cm
−	4	m	45	cm
		m		cm

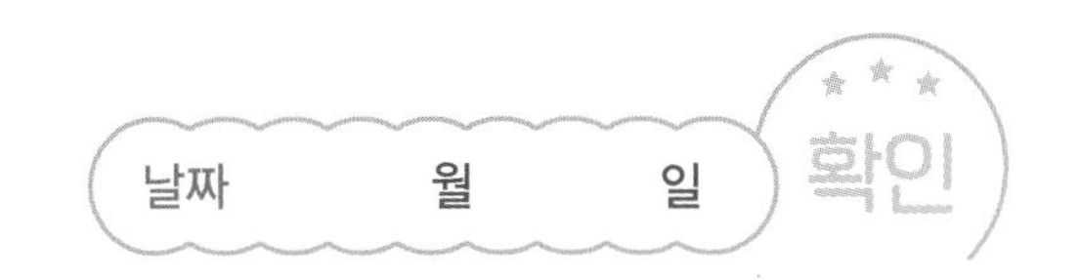

● 길이가 다른 나무를 잘라 다음과 같은 낚싯대를 1개 만들었습니다. 남은 나무의 길이를 구하세요.

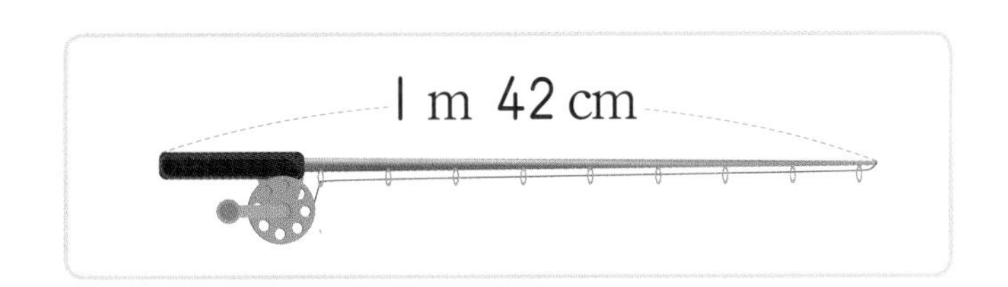

10

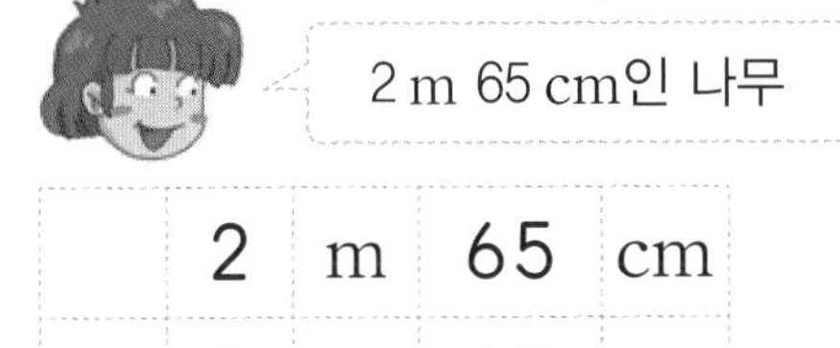

	2	m	65	cm
−	1	m	42	cm
		m		cm

11

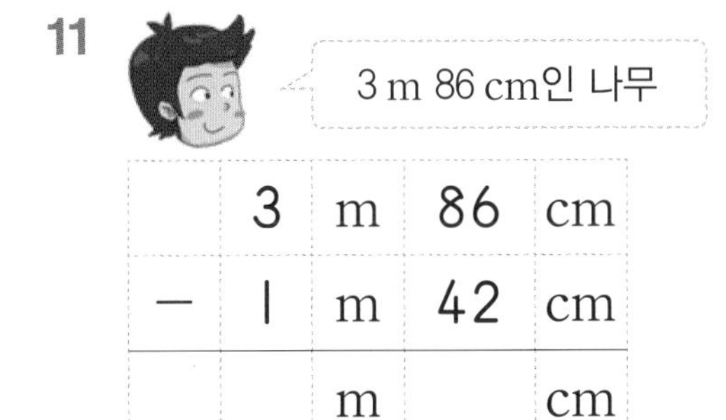

	3	m	86	cm
−	1	m	42	cm
		m		cm

12

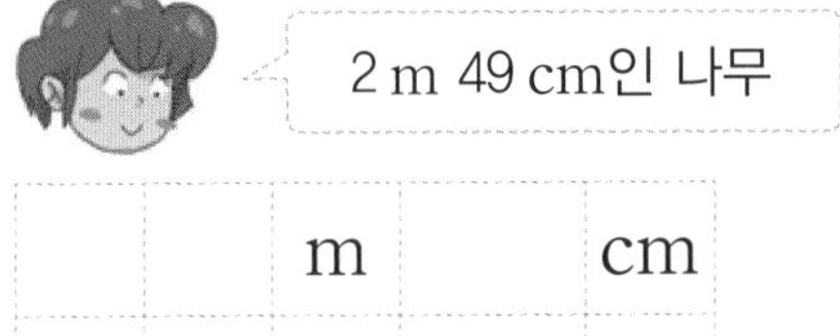

		m		cm
−	1	m	42	cm
		m		cm

13

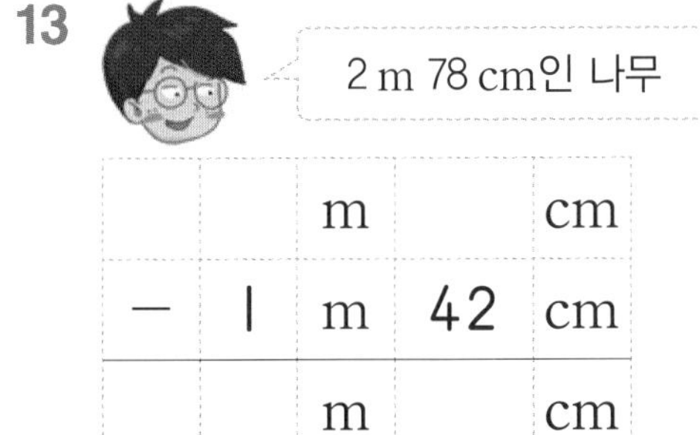

		m		cm
−	1	m	42	cm
		m		cm

14

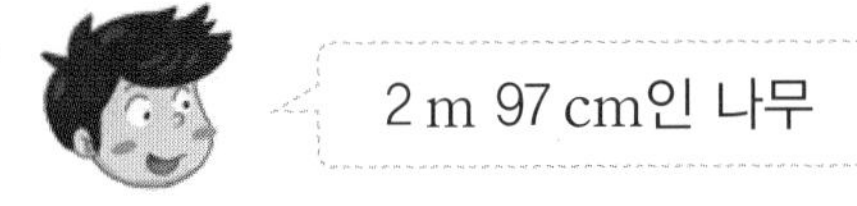

		m		cm
−		m		cm
		m		cm

15

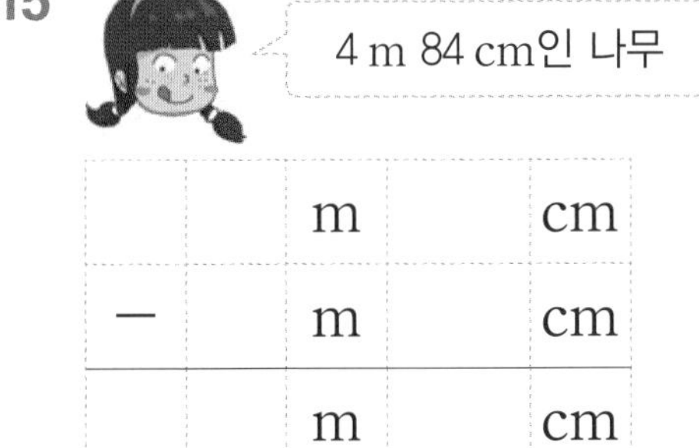

		m		cm
−		m		cm
		m		cm

16

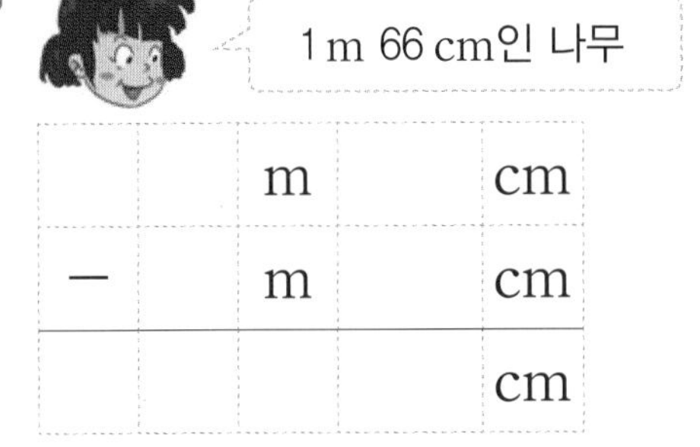

		m		cm
−		m		cm
				cm

17

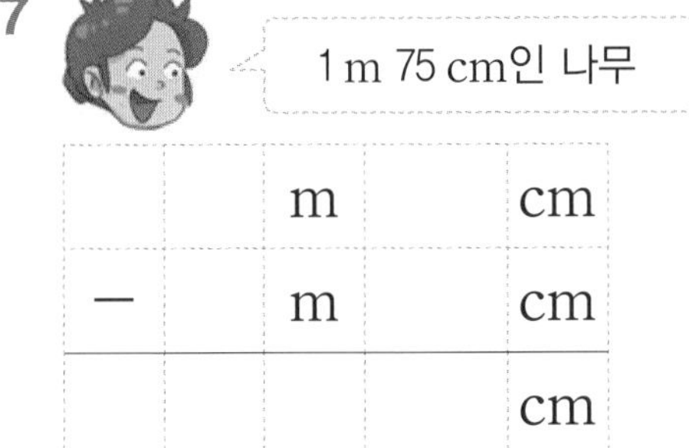

		m		cm
−		m		cm
				cm

02 받아내림이 없는 길이의 차 (2)

✣ 3 m 47 cm−1 m 23 cm의 계산 — 가로셈

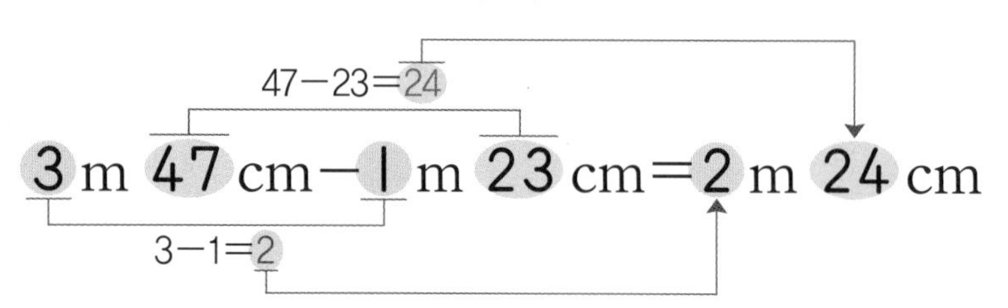

◑ 길이의 차를 구하세요.

1 4 m 27 cm−2 m 16 cm
=2 m ☐ cm

2 3 m 54 cm−1 m 24 cm
=☐ m 30 cm

3 5 m 49 cm−4 m 39 cm
=☐ m ☐ cm

4 6 m 25 cm−2 m 13 cm
=☐ m ☐ cm

5 6 m 36 cm−1 m 21 cm
=☐ m ☐ cm

6 7 m 26 cm−2 m 11 cm
=☐ m ☐ cm

7 3 m 47 cm−2 m 13 cm
=☐ m ☐ cm

8 8 m 65 cm−1 m 34 cm
=☐ m ☐ cm

9 8 m 59 cm−5 m 35 cm
=☐ m ☐ cm

10 3 m 72 cm−2 m 10 cm
=☐ m ☐ cm

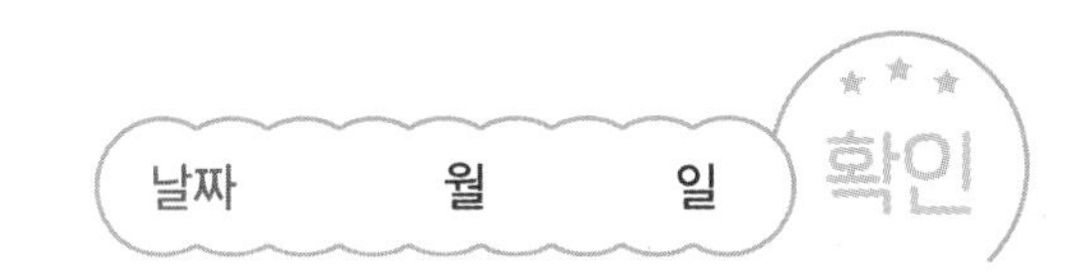

◑ 사람의 키와 그림자 길이의 차를 구하세요.

11

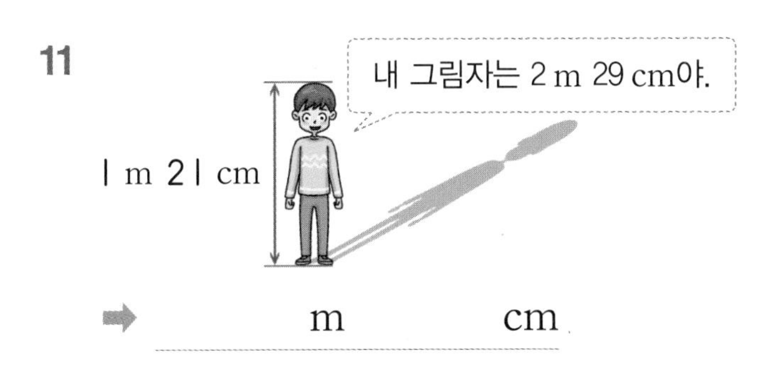

➡ m cm

12

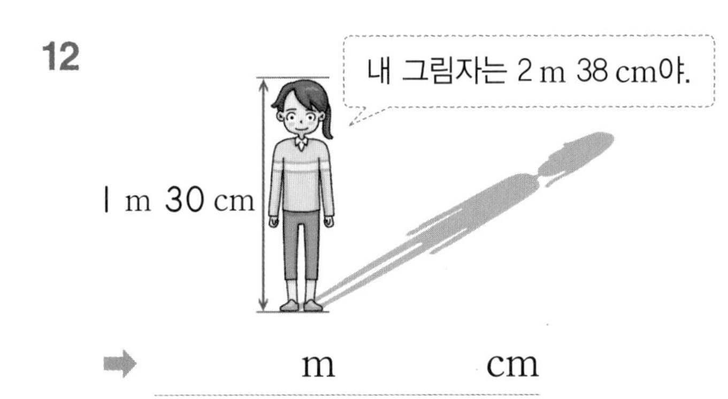

➡ m cm

13

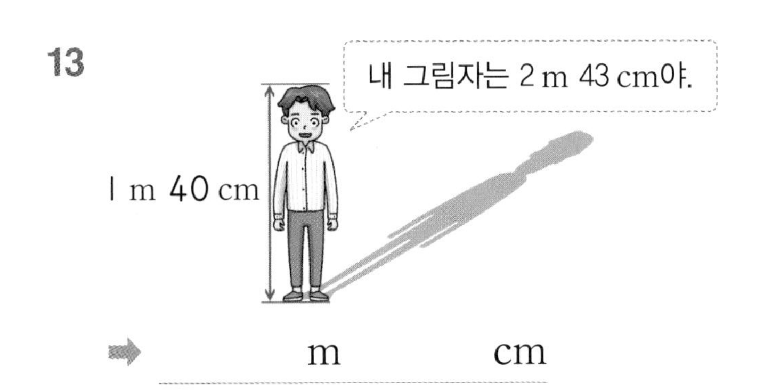

➡ m cm

14

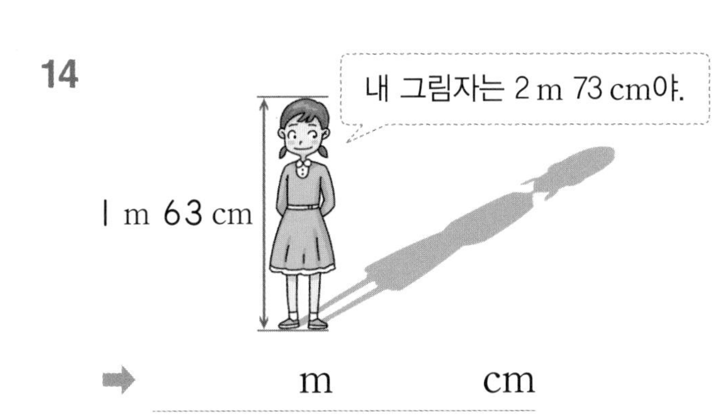

➡ m cm

15

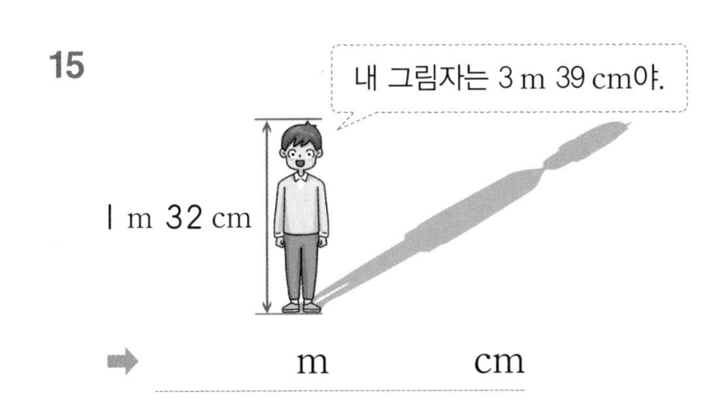

➡ m cm

16

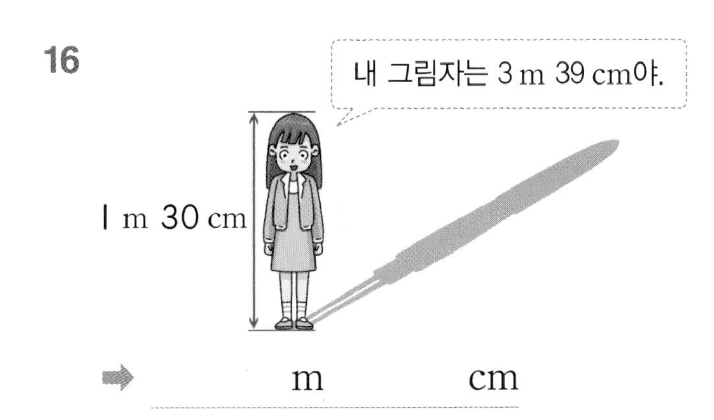

➡ m cm

17

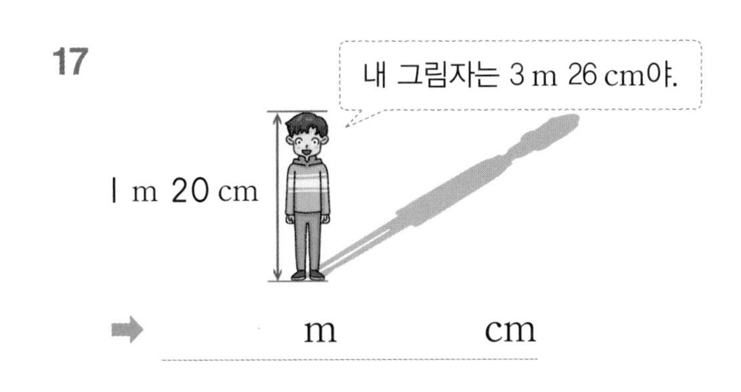

➡ m cm

18

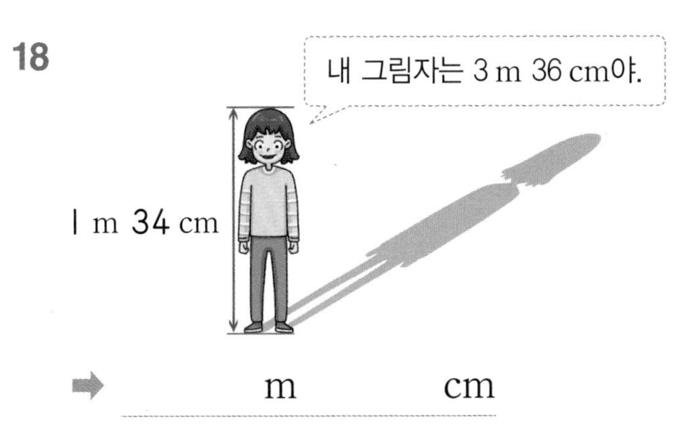

➡ m cm

03 받아내림이 있는 길이의 차 (1)

✤ 3 m 13 cm－1 m 56 cm의 계산 — 세로셈

	2		100	
	~~3~~	m	13	cm
－	1	m	56	cm
	1	m	57	cm

3 m에서 1 m를 100 cm로 바꾸어 13 cm에 더해요.

3－1－1=1

100＋13－56=57

cm 단위끼리, m 단위끼리 계산해요.

◑ 길이의 차를 구하세요.

1

	4	m	21	cm
－	1	m	58	cm
		m		cm

2

	5	m	22	cm
－	2	m	97	cm
		m		cm

3

	3	m	36	cm
－	1	m	86	cm
		m		cm

4

	6	m	51	cm
－	2	m	89	cm
		m		cm

5

	9	m	65	cm
－	2	m	76	cm
		m		cm

6

	7	m	41	cm
－	3	m	87	cm
		m		cm

7

	8	m	14	cm
－			95	cm
		m		cm

8

	2	m	55	cm
－			68	cm
		m		cm

9

	6	m	43	cm
－			79	cm
		m		cm

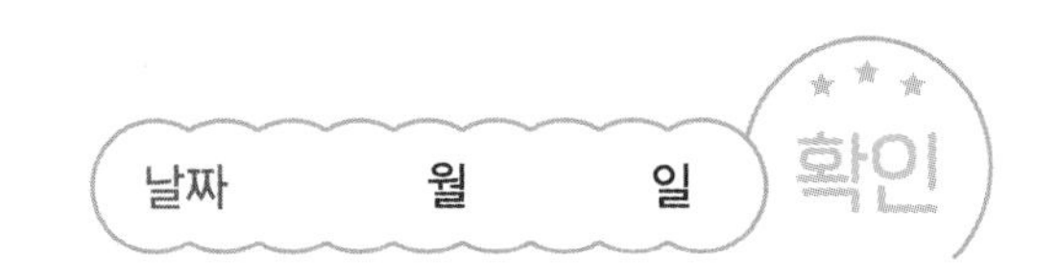

● 고래와 상어 몸길이의 차를 구하세요.

고래	범고래	혹등고래	대왕고래	향유고래
몸길이	8 m 16 cm	15 m 22 cm	25 m 12 cm	12 m 54 cm

상어	청상아리	백상아리	고래상어	홍살귀상어
몸길이	5 m 78 cm	6 m 40 cm	11 m 56 cm	3 m 69 cm

10

범고래		8	m	16	cm
청상아리	−	5	m	78	cm
			m		cm

11

혹등고래		15	m	22	cm
백상아리	−	6	m	40	cm
			m		cm

12

대왕고래			m		cm
고래상어	−		m		cm
			m		cm

13

향유고래			m		cm
홍살귀상어	−		m		cm
			m		cm

14

혹등고래			m		cm
고래상어	−		m		cm
			m		cm

15

대왕고래			m		cm
홍살귀상어	−		m		cm
			m		cm

16

향유고래			m		cm
청상아리	−		m		cm
			m		cm

17

범고래			m		cm
백상아리	−		m		cm
			m		cm

04 받아내림이 있는 길이의 차 (2)

✣ 3 m 13 cm−1 m 56 cm의 계산 − 가로셈

3 m 13 cm=2 m+1 m+13 cm=2 m+100 cm+13 cm
=2 m+113 cm=2 m 113 cm

3 m 13 cm−1 m 56 cm=2 m 113 cm−1 m 56 cm
=1 m 57 cm

2−1=1　　113−56=57

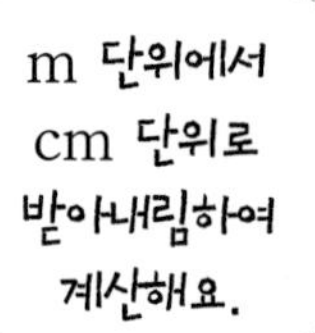

◑ 길이의 차를 구하세요.

1　7 m 31 cm−2 m 85 cm
=□ m 46 cm

2　5 m 15 cm−2 m 97 cm
=2 m □ cm

3　4 m 52 cm−1 m 65 cm
=□ m □ cm

4　6 m 46 cm−4 m 76 cm
=□ m □ cm

5　5 m 47 cm−3 m 68 cm
=□ m □ cm

6　6 m 38 cm−1 m 94 cm
=□ m □ cm

7　3 m 18 cm−1 m 39 cm
=□ m □ cm

8　8 m 33 cm−1 m 97 cm
=□ m □ cm

9　5 m 26 cm−91 cm
=□ m □ cm

10　2 m 52 cm−88 cm
=□ m □ cm

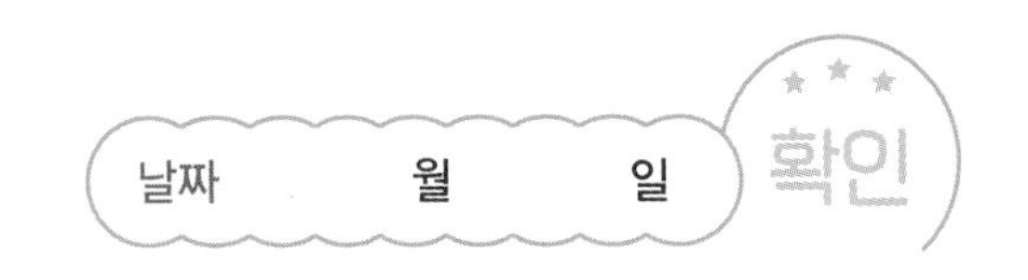

● 연결된 엄마 동물과 아기 동물이 말한 길이의 차를 구하세요.

11

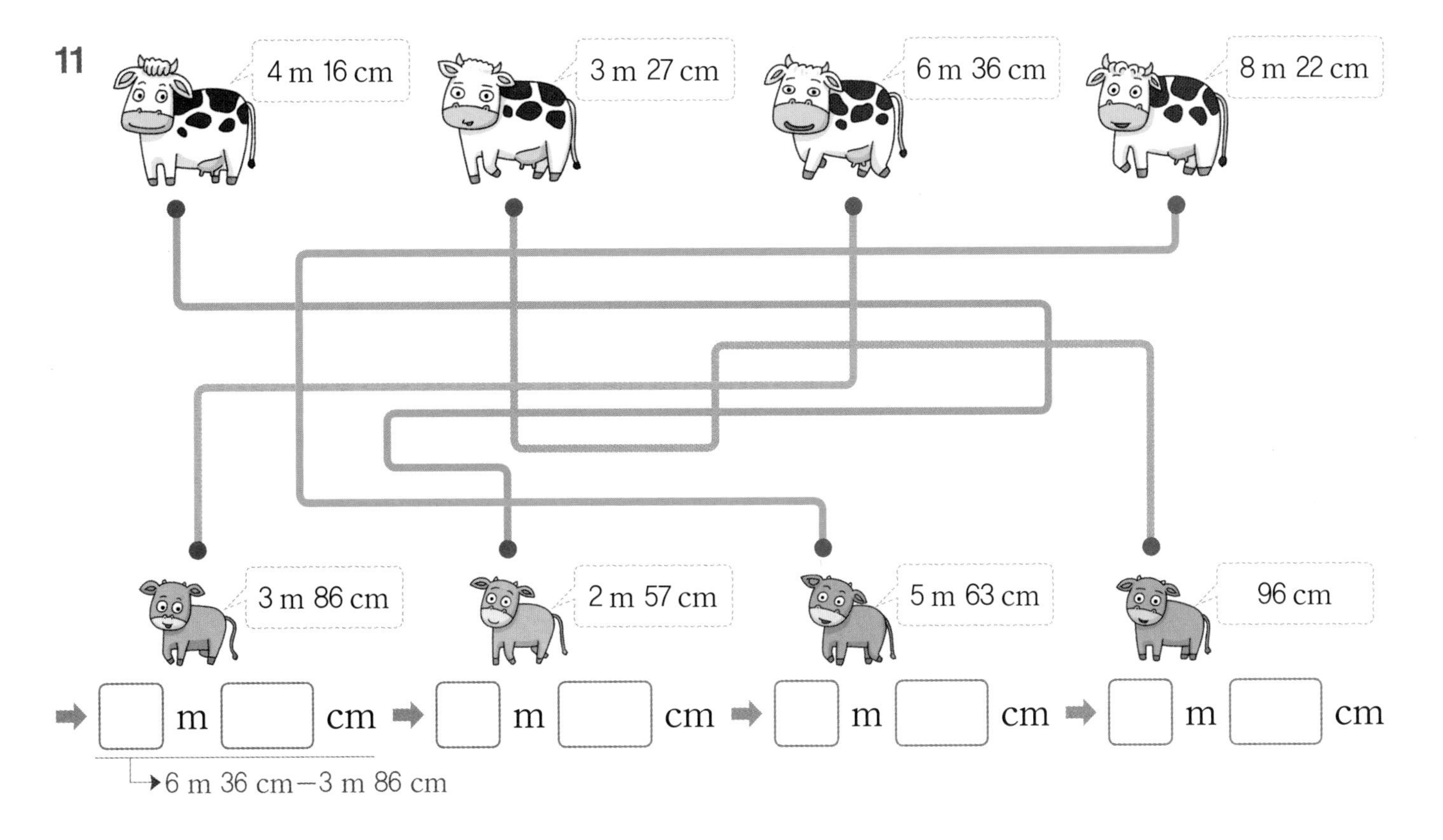

➡ ☐ m ☐ cm ➡ ☐ m ☐ cm ➡ ☐ m ☐ cm ➡ ☐ m ☐ cm

→ 6 m 36 cm−3 m 86 cm

12

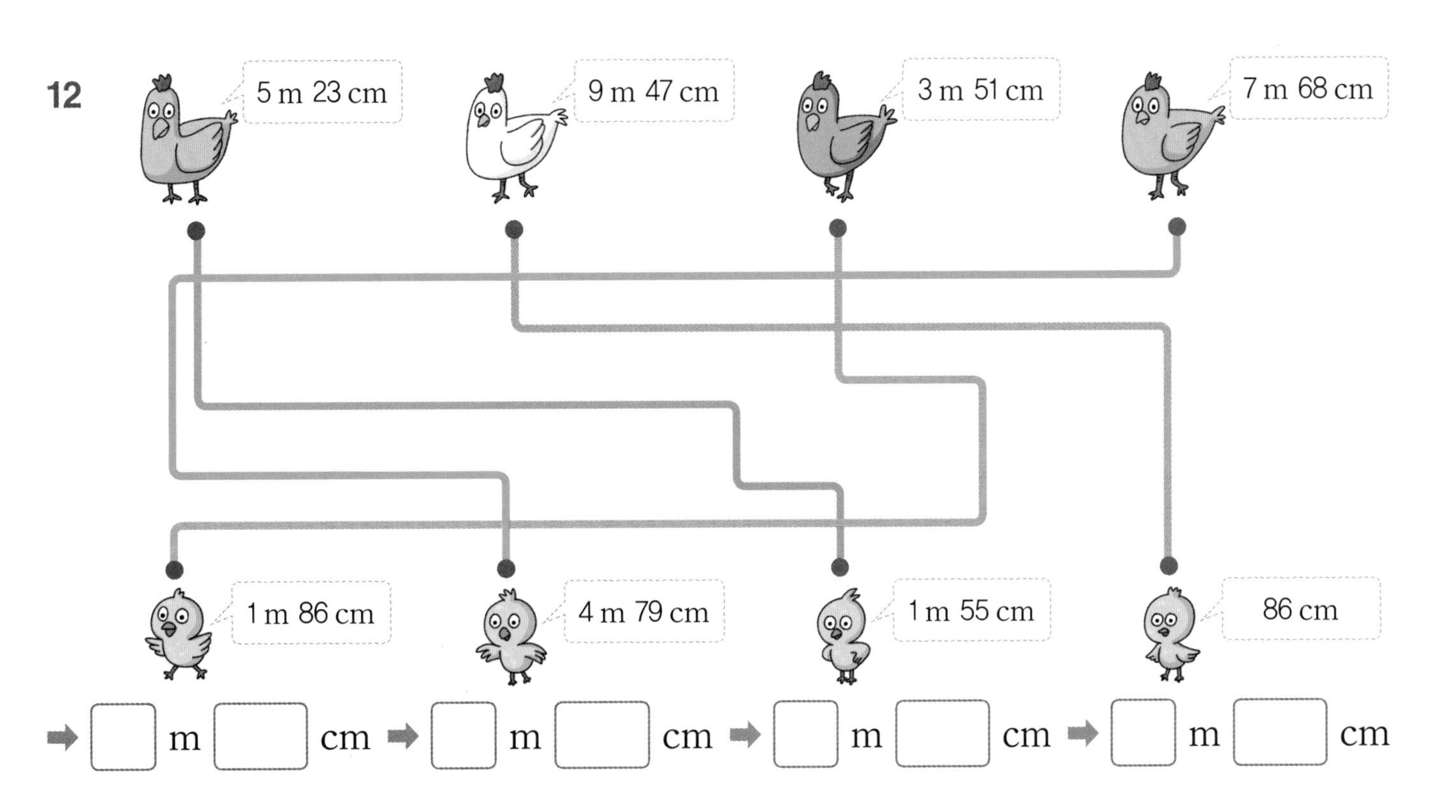

➡ ☐ m ☐ cm ➡ ☐ m ☐ cm ➡ ☐ m ☐ cm ➡ ☐ m ☐ cm

05 받아내림이 있는 ◆ m−▲ m ■ cm

✢ 3 m−1 m 56 cm의 계산

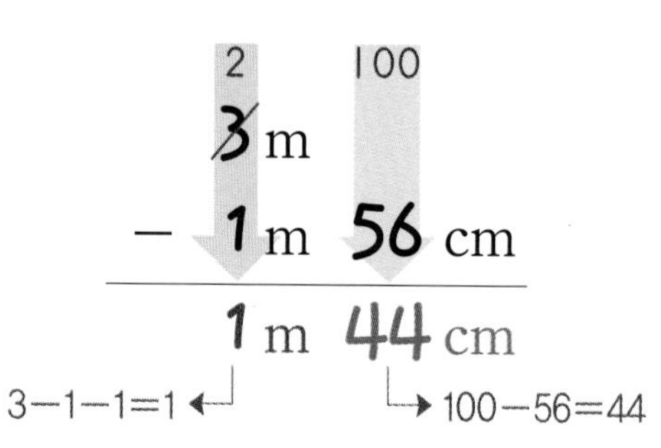

→2 m+1 m

3 m−1 m 56 cm

=2 m 100 cm−1 m 56 cm

=1 m 44 cm

3 m에서 1 m를 100 cm로 바꾸어 56 cm를 빼요.

● 길이의 차를 구하세요.

1

	4	m		
−	2	m	58	cm
		m		cm

2

	8	m		
−	5	m	97	cm
		m		cm

3

	6	m		
−	2	m	86	cm
		m		cm

4

	3	m		
−	1	m	89	cm
		m		cm

5

	9	m		
−	2	m	73	cm
		m		cm

6

	7	m		
−	3	m	45	cm
		m		cm

7

	8	m		
−			12	cm
		m		cm

8

	5	m		
−			64	cm
		m		cm

9

	4	m		
−			71	cm
		m		cm

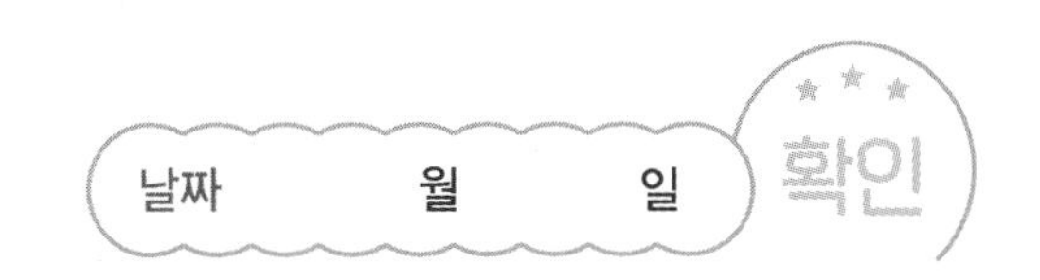

◑ 줄자를 물건의 길이만큼만 빼서 재었습니다. 전체 줄자의 길이를 보고 줄자의 빼지 않은 부분의 길이를 구하세요.

10

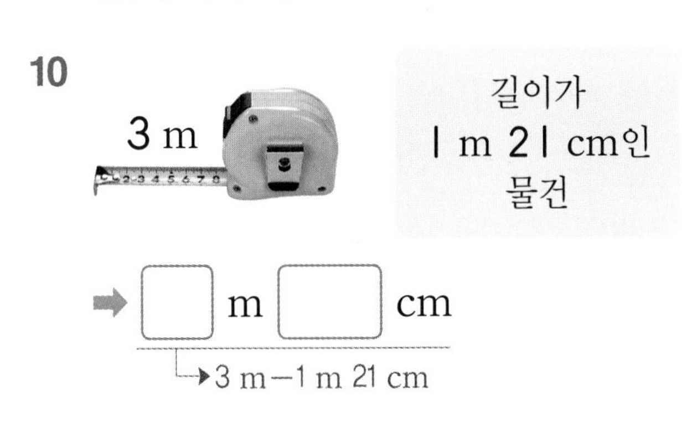

➡ ☐ m ☐ cm

↳ 3 m−1 m 21 cm

11

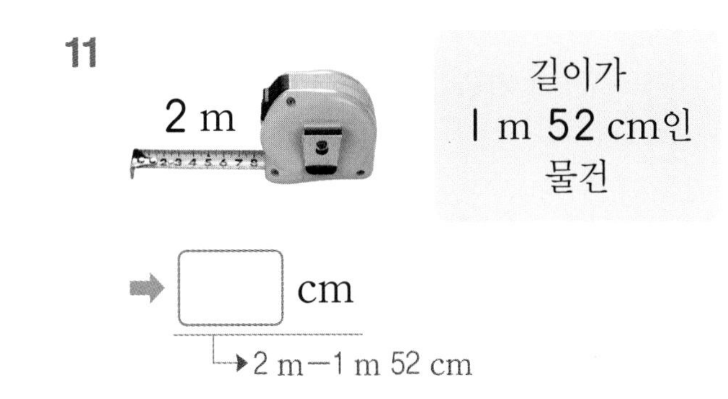

➡ ☐ cm

↳ 2 m−1 m 52 cm

12

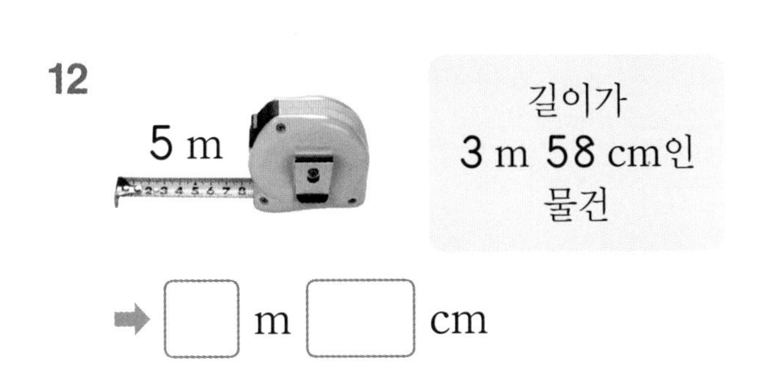

➡ ☐ m ☐ cm

13

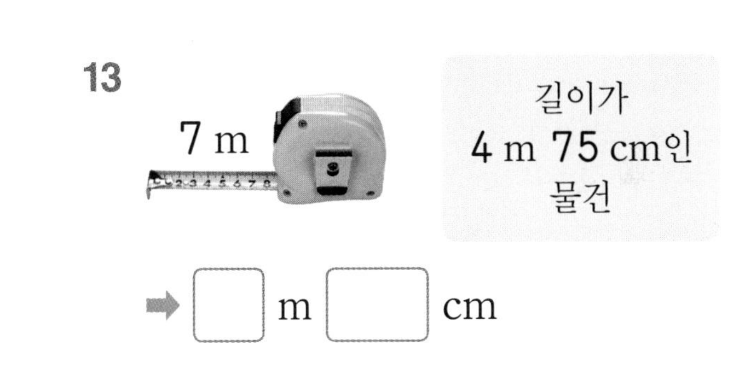

➡ ☐ m ☐ cm

14

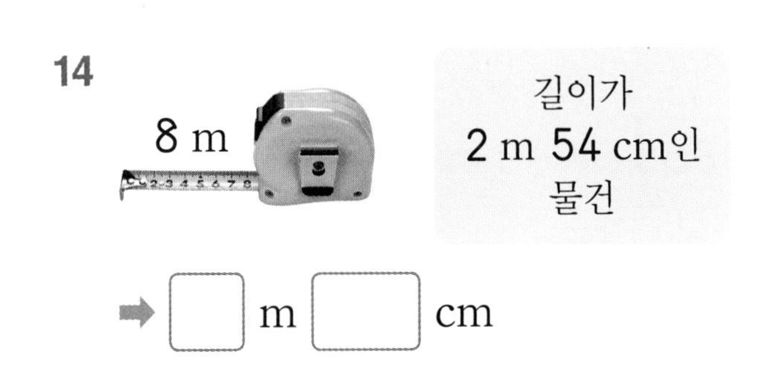

➡ ☐ m ☐ cm

15

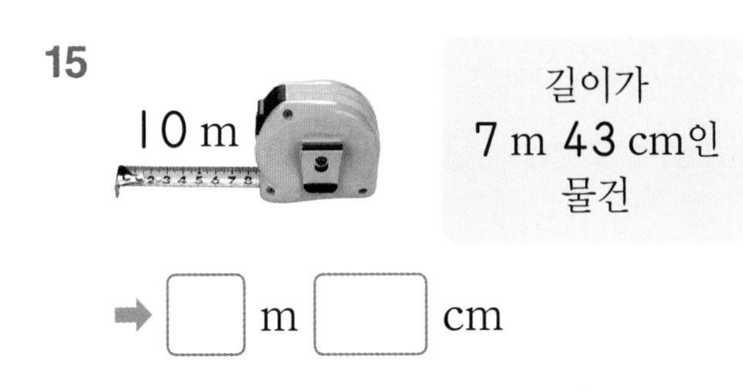

➡ ☐ m ☐ cm

16

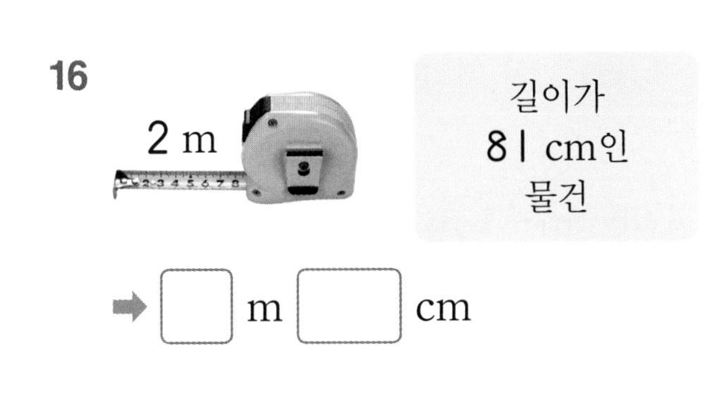

➡ ☐ m ☐ cm

17

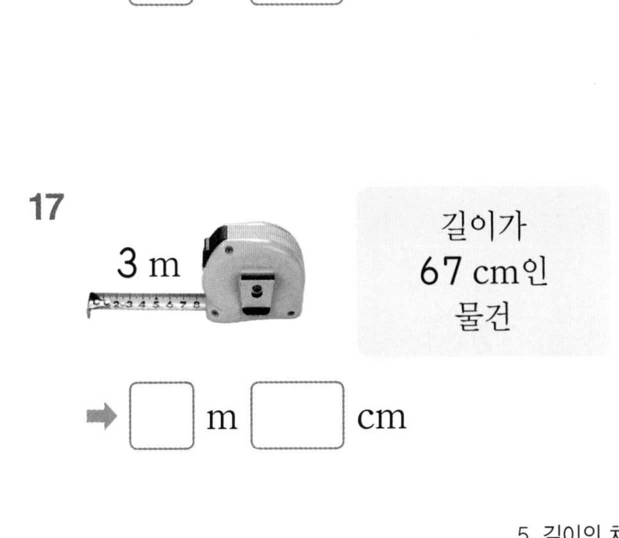

➡ ☐ m ☐ cm

06 길이의 차를 ▲ m ■ cm로 나타내기

✤ 3 m 50 cm−120 cm의 계산

100 cm+20 cm=1 m 20 cm

3 m 50 cm−120 cm=3 m 50 cm−1 m 20 cm

=2 m 30 cm

3−1=2　　50−20=30

◑ 길이의 차는 몇 m 몇 cm인지 구하세요.

1 4 m 90 cm−170 cm

=4 m 90 cm−1 m □ cm

=□ m □ cm

2 540 cm−2 m 30 cm

=□ m 40 cm−2 m 30 cm

=□ m □ cm

3 3 m 60 cm−110 cm

=□ m □ cm

4 670 cm−4 m 30 cm

=□ m □ cm

5 7 m 27 cm−360 cm

=□ m □ cm

6 865 cm−3 m 90 cm

=□ m □ cm

7 5 m 10 cm−284 cm

=□ m □ cm

8 820 cm−5 m 41 cm

=□ m □ cm

9 9 m 32 cm−656 cm

=□ m □ cm

10 465 cm−1 m 97 cm

=□ m □ cm

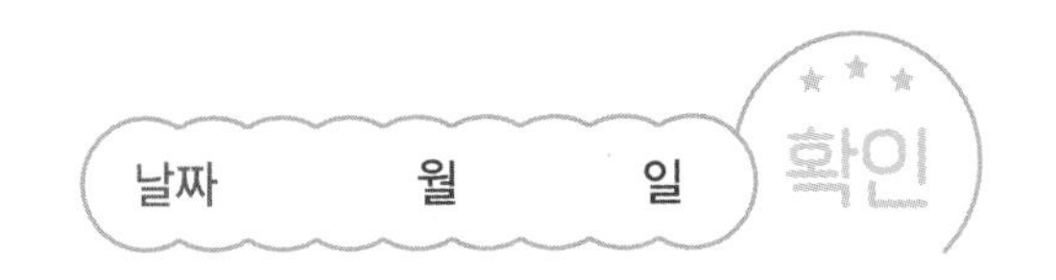

◑ 각 부분의 길이는 몇 m 몇 cm인지 구하세요.

11

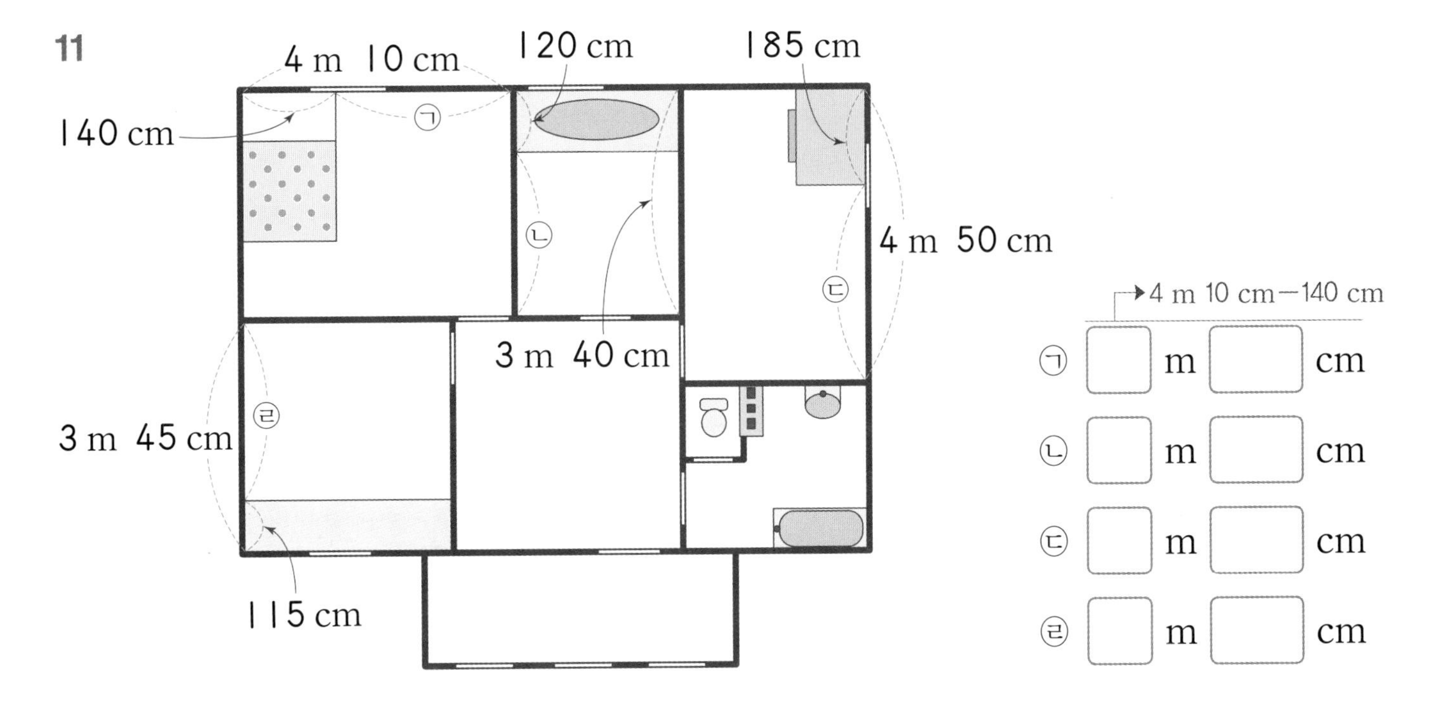

12

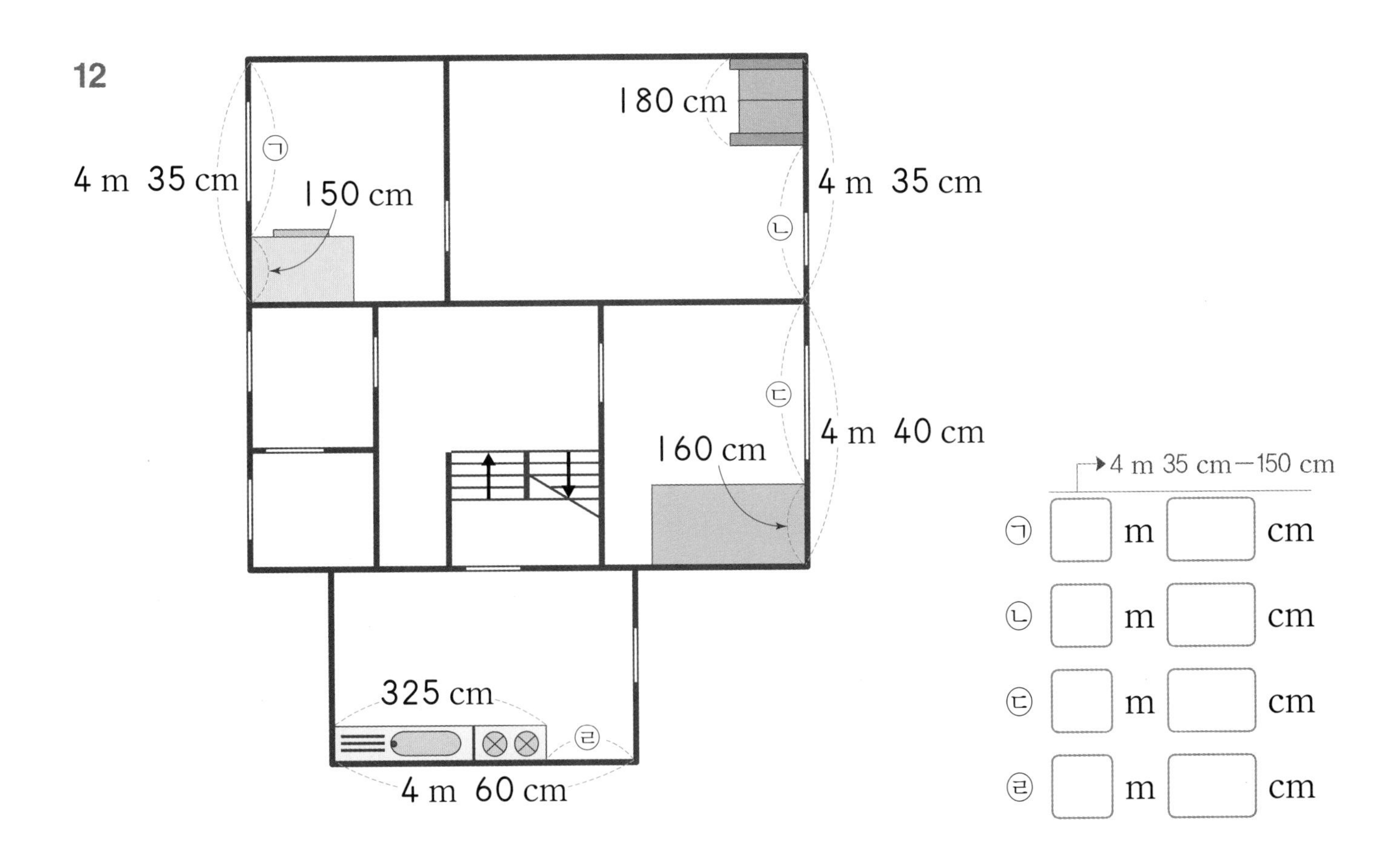

07 길이의 차를 ■ cm로 나타내기

✤ 3 m 50 cm−120 cm의 계산

3 m 50 cm−120 cm=3 m 50 cm−1 m 20 cm
=2 m 30 cm
=230 cm ◁ cm 단위로만

◑ 길이의 차는 몇 cm인지 구하세요.

1 4 m 40 cm−220 cm
=□ cm

2 370 cm−1 m 40 cm
=□ cm

3 2 m 80 cm−160 cm
=□ cm

4 760 cm−2 m 50 cm
=□ cm

5 5 m 17 cm−380 cm
=□ cm

6 325 cm−2 m 60 cm
=□ cm

7 8 m 50 cm−490 cm
=□ cm

8 920 cm−4 m 30 cm
=□ cm

9 7 m 21 cm−562 cm
=□ cm

10 643 cm−3 m 87 cm
=□ cm

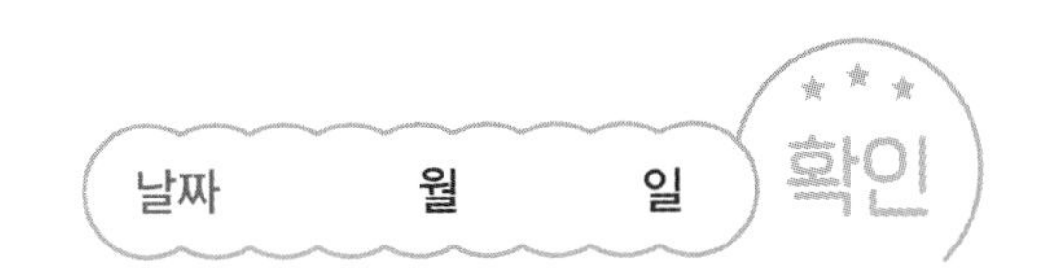

● 두 줄넘기 길이의 차는 몇 cm인지 구하세요.

11

4 m 15 cm　　145 cm

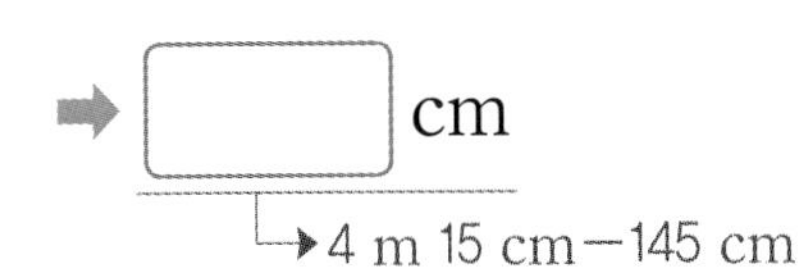

12

135 cm　　3 m 10 cm

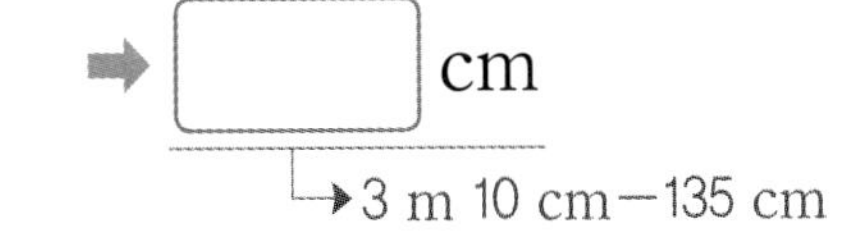

13

 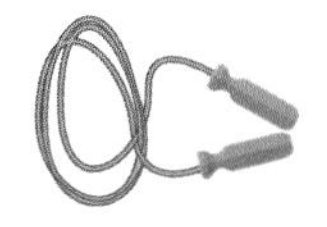

145 cm　　2 m 10 cm

 cm

14

135 cm　　3 m 25 cm

 cm

15

125 cm　　4 m 15 cm

 cm

16

2 m 75 cm　　420 cm

 cm

17

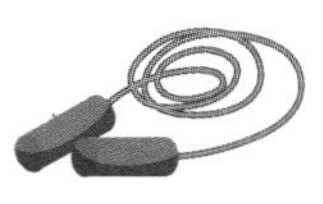 

1 m 50 cm　　420 cm

 cm

18

125 cm　　3 m 25 cm

 cm

08 집중 연산 ❶

◑ 두 길이의 차는 몇 m 몇 cm인지 구하세요.

1
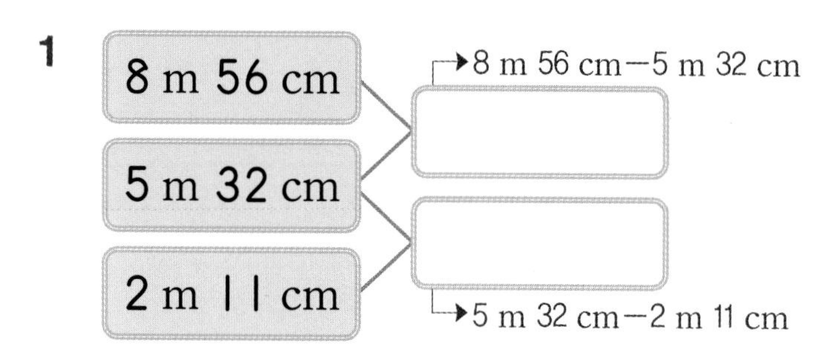

2
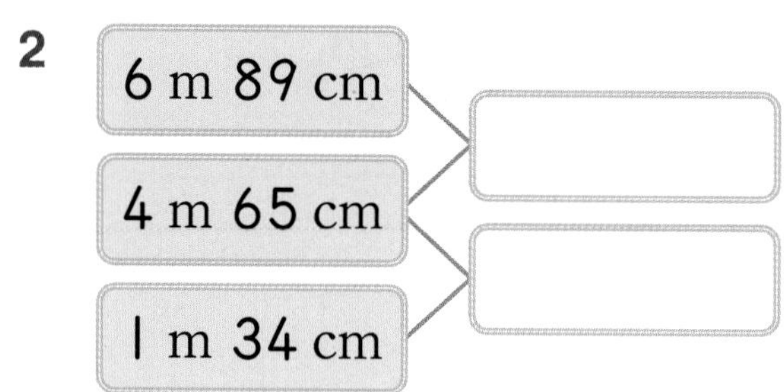

3
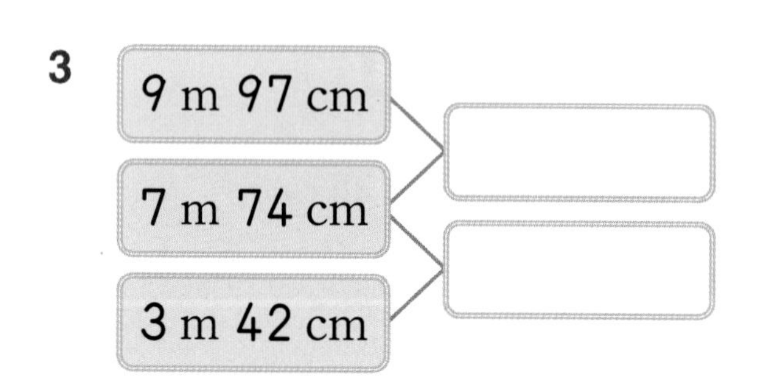

4
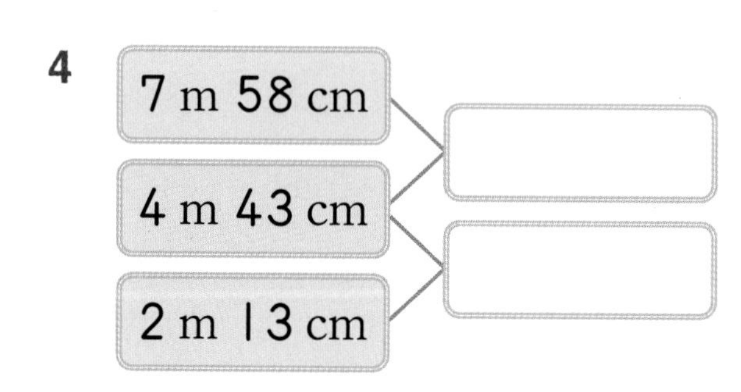

5
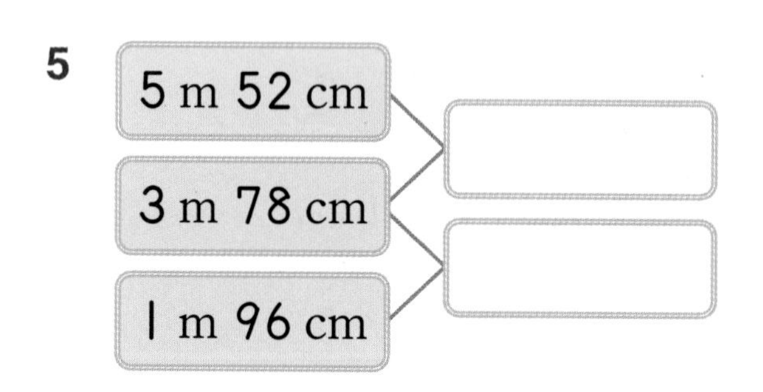

6
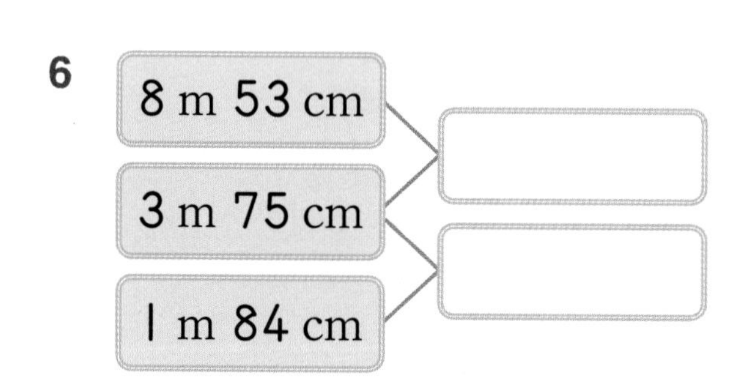

7
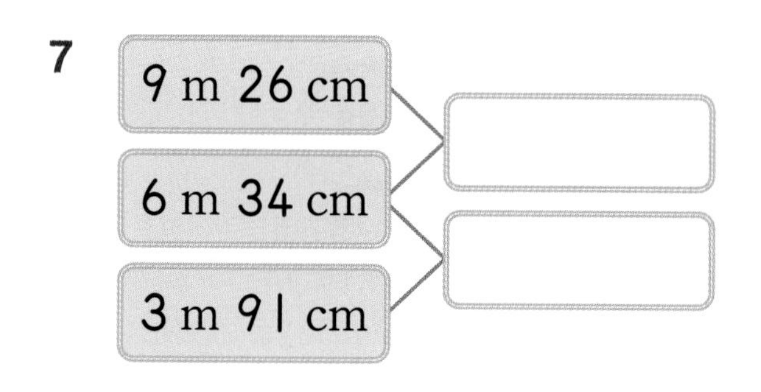

8
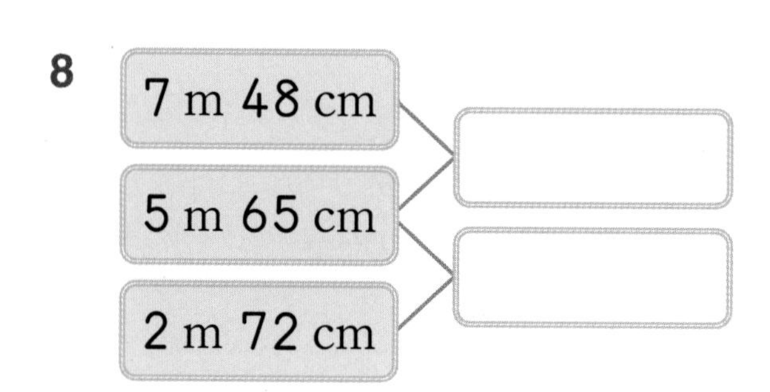

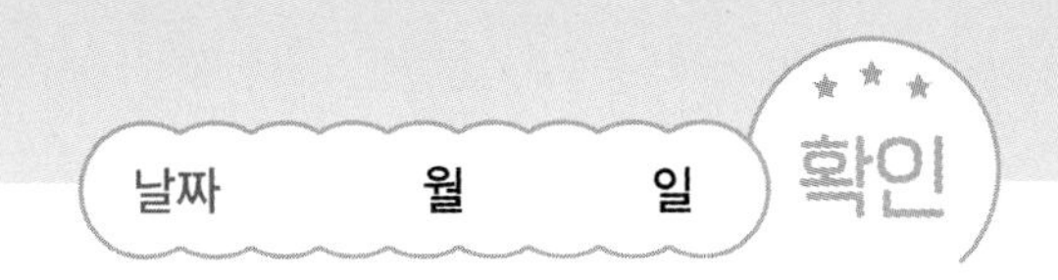

● 두 길이의 차를 빈칸에 써넣으세요.

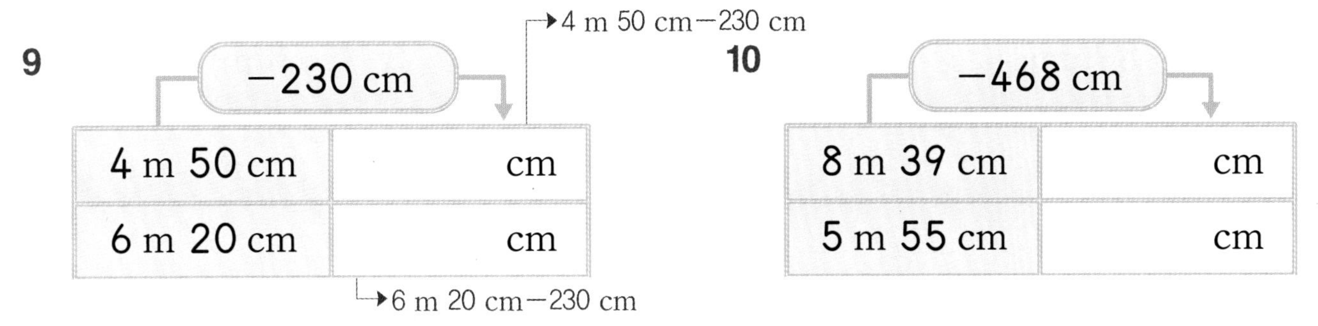

9

−230 cm

4 m 50 cm	cm
6 m 20 cm	cm

10

−468 cm

8 m 39 cm	cm
5 m 55 cm	cm

11

−3 m 40 cm

750 cm	cm
530 cm	cm

12

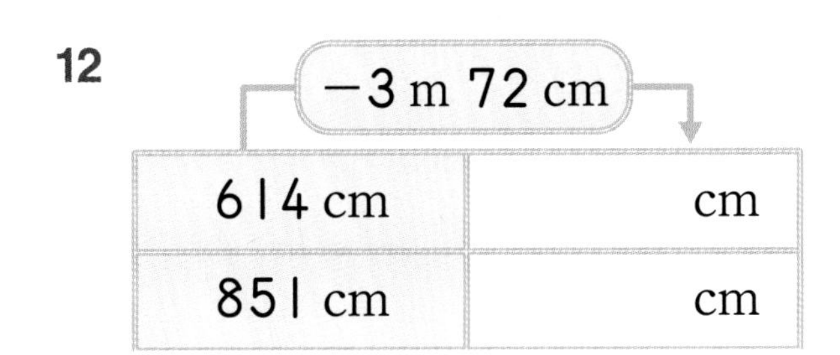

−3 m 72 cm

614 cm	cm
851 cm	cm

13

−120 cm

5 m 70 cm	m cm
3 m 10 cm	m cm

14

−286 cm

4 m 56 cm	m cm
7 m 63 cm	m cm

15

−5 m 30 cm

8 m 22 cm	m cm
9 m 25 cm	m cm

16

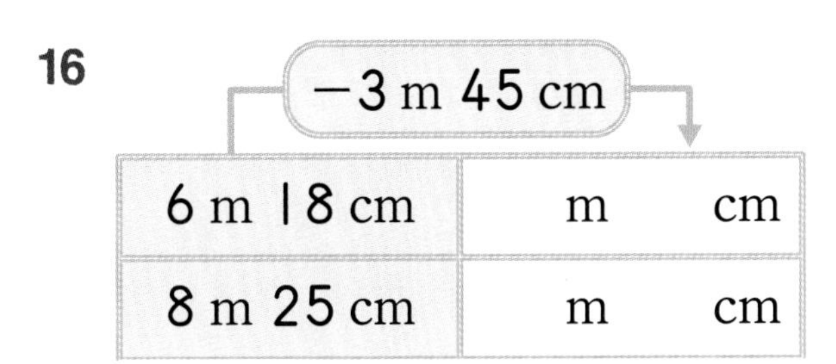

−3 m 45 cm

6 m 18 cm	m cm
8 m 25 cm	m cm

09 집중 연산 ❷

◑ 길이의 차를 구하세요.

1
$$\begin{array}{rrrr} & 7\text{ m} & 89\text{ cm} \\ - & 3\text{ m} & 58\text{ cm} \\ \hline & \text{m} & \text{cm} \end{array}$$

2
$$\begin{array}{rrrr} & 4\text{ m} & 43\text{ cm} \\ - & 1\text{ m} & 13\text{ cm} \\ \hline & \text{m} & \text{cm} \end{array}$$

3
$$\begin{array}{rrrr} & 5\text{ m} & 67\text{ cm} \\ - & 2\text{ m} & 43\text{ cm} \\ \hline & \text{m} & \text{cm} \end{array}$$

4
$$\begin{array}{rrrr} & 6\text{ m} & 54\text{ cm} \\ - & 4\text{ m} & 32\text{ cm} \\ \hline & \text{m} & \text{cm} \end{array}$$

5
$$\begin{array}{rrrr} & 8\text{ m} & 39\text{ cm} \\ - & 3\text{ m} & 21\text{ cm} \\ \hline & \text{m} & \text{cm} \end{array}$$

6
$$\begin{array}{rrrr} & 9\text{ m} & 76\text{ cm} \\ - & 5\text{ m} & 45\text{ cm} \\ \hline & \text{m} & \text{cm} \end{array}$$

7
$$\begin{array}{rrrr} & 5\text{ m} & 21\text{ cm} \\ - & 3\text{ m} & 58\text{ cm} \\ \hline & \text{m} & \text{cm} \end{array}$$

8
$$\begin{array}{rrrr} & 6\text{ m} & 17\text{ cm} \\ - & 1\text{ m} & 49\text{ cm} \\ \hline & \text{m} & \text{cm} \end{array}$$

9
$$\begin{array}{rrrr} & 7\text{ m} & 34\text{ cm} \\ - & 2\text{ m} & 72\text{ cm} \\ \hline & \text{m} & \text{cm} \end{array}$$

10
$$\begin{array}{rrrr} & 8\text{ m} & 45\text{ cm} \\ - & 2\text{ m} & 67\text{ cm} \\ \hline & \text{m} & \text{cm} \end{array}$$

11
$$\begin{array}{rrrr} & 9\text{ m} & 42\text{ cm} \\ - & 6\text{ m} & 45\text{ cm} \\ \hline & \text{m} & \text{cm} \end{array}$$

12
$$\begin{array}{rrrr} & 3\text{ m} & 12\text{ cm} \\ - & 1\text{ m} & 43\text{ cm} \\ \hline & \text{m} & \text{cm} \end{array}$$

13
$$\begin{array}{rrrr} & 4\text{ m} & 26\text{ cm} \\ - & 2\text{ m} & 38\text{ cm} \\ \hline & \text{m} & \text{cm} \end{array}$$

14
$$\begin{array}{rrrr} & 8\text{ m} & 31\text{ cm} \\ - & 4\text{ m} & 57\text{ cm} \\ \hline & \text{m} & \text{cm} \end{array}$$

15
$$\begin{array}{rrrr} & 6\text{ m} & 37\text{ cm} \\ - & 3\text{ m} & 48\text{ cm} \\ \hline & \text{m} & \text{cm} \end{array}$$

● 길이의 차는 몇 m 몇 cm인지 구하세요.

16 7 m 52 cm−5 m 41 cm

17 5 m 84 cm−3 m 42 cm

18 5 m−2 m 45 cm

19 7 m−3 m 95 cm

20 3 m 27 cm−59 cm

21 7 m 21 cm−38 cm

● 길이의 차는 몇 cm인지 구하세요.

22 7 m 60 cm−240 cm

23 8 m 50 cm−620 cm

24 5 m 38 cm−419 cm

25 6 m 94 cm−227 cm

26 512 cm−2 m 60 cm

27 550 cm−2 m 70 cm

28 824 cm−3 m 69 cm

29 683 cm−1 m 91 cm

빅터 연산
플러스 알파

손가락 곱셈구구

다음 곱셈을 해 볼까요?

9×7

6단부터 9단 곱셈구구는 1부터 9까지의 수를 손가락으로 표현하는 방법만 알면 외우지 않아도 쉽게 곱셈을 할 수 있습니다.

손가락으로 나타내는 1부터 9까지의 수

1 2 3 4 5 6 7 8 9

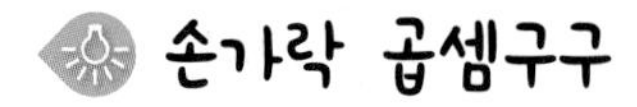

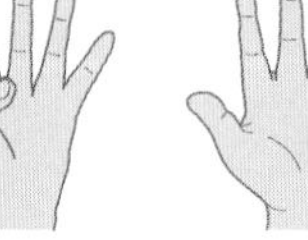

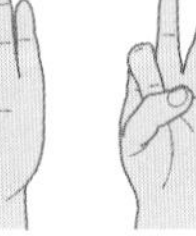

오른손도 이것과 똑같이 생각합니다.

위 곱셈 9×7을 손가락으로 계산해 볼까요?

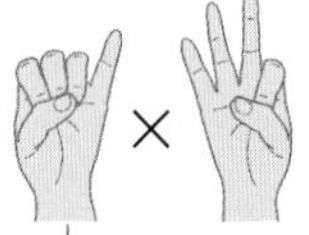

① 접힌 손가락 수의 합: 십의 자리 수
→ 왼손: 4개, 오른손: 2개이므로 $4+2=6$

② 펴진 손가락의 수를 곱한 수: 일의 자리 수
→ 왼손: 1개, 오른손: 3개이므로 $1 \times 3=3$

➡ $9 \times 7=63$

✤ 다른 곱셈도 손가락으로 계산해 볼까요?

1 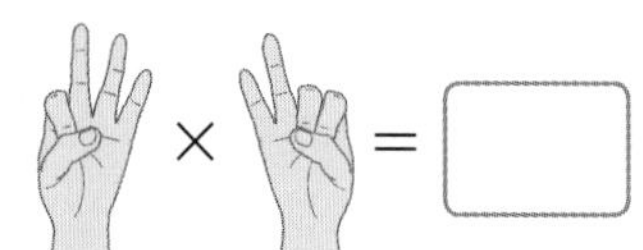 = □

2 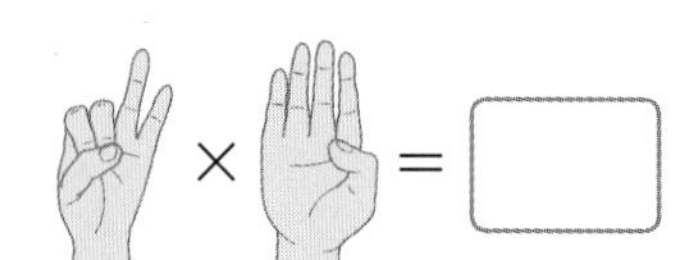 = □

꼭 알아야 할

사자성어

水 漁 之 交

물	물고기	갈	사귈
수	어	지	교

물고기에게 물은 정말 소중한 존재이지요.
수어지교란 물고기와 물의 관계처럼,
아주 친밀하여 떨어질 수 없는 사이
또는 깊은 우정을 일컫는 말이랍니다.

해당 콘텐츠는 천재교육 '똑똑한 하루 독해'를 참고하여 제작되었습니다.
모든 공부의 기초가 되는 어휘력+독해력을 키우고 싶을 땐,
똑똑한 하루 독해&어휘를 풀어보세요!

뭘 좋아할지 몰라 다 준비했어♥ # 전과목 교재

전과목 시리즈 교재

●우등생 해법시리즈

– 국어/수학	1~6학년, 학기용
– 사회/과학	3~6학년, 학기용
– 봄·여름/가을·겨울	1~2학년, 학기용
– SET(전과목/국수, 국사과)	1~6학년, 학기용

●똑똑한 하루 시리즈

– 똑똑한 하루 독해	예비초~6학년, 총 14권
– 똑똑한 하루 글쓰기	예비초~6학년, 총 14권
– 똑똑한 하루 어휘	예비초~6학년, 총 14권
– 똑똑한 하루 한자	예비초~6학년, 총 14권
– 똑똑한 하루 수학	1~6학년, 학기용
– 똑똑한 하루 계산	예비초~6학년, 총 14권
– 똑똑한 하루 도형	예비초~6학년, 총 8권
– 똑똑한 하루 사고력	1~6학년, 학기용
– 똑똑한 하루 사회/과학	3~6학년, 학기용
– 똑똑한 하루 봄/여름/가을/겨울	1~2학년, 총 8권
– 똑똑한 하루 안전	1~2학년, 총 2권
– 똑똑한 하루 Voca	3~6학년, 학기용
– 똑똑한 하루 Reading	초3~초6, 학기용
– 똑똑한 하루 Grammar	초3~초6, 학기용
– 똑똑한 하루 Phonics	예비초~초등, 총 8권

●독해가 힘이다 시리즈

– 초등 문해력 독해가 힘이다 비문학편	3~6학년
– 초등 수학도 독해가 힘이다	1~6학년, 학기용
– 초등 문해력 독해가 힘이다 문장제수학편	1~6학년, 총 12권

영어 교재

●초등영어 교과서 시리즈

파닉스(1~4단계)	3~6학년, 학년용
영단어(1~4단계)	3~6학년, 학년용
●LOOK BOOK 영단어	3~6학년, 단행본
●원서 읽는 LOOK BOOK 영단어	3~6학년, 단행본

국가수준 시험 대비 교재

●해법 기초학력 진단평가 문제집	2~6학년·중1 신입생, 총 6권

똑똑한 하루

정답 및 풀이

2·D

초등 2 수준

천재교육

정답 및 풀이 포인트 3가지

- 쉽게 찾을 수 있는 정답
- 알아보기 쉽게 정리된 정답
- 혼자서도 이해할 수 있는 친절한 문제 풀이

1 곱셈구구 (1)

01 2단 곱셈구구 8~9쪽

1. 2
2. 4
3. 3, 6
4. 4, 8
5. 5, 10
6. 6, 12
7. 7, 14
8. 8, 16
9. 9, 18
10. 12
11. 7, 14
12. 3, 6
13. 5, 10
14. 4, 8
15. 9, 18
16. 8, 16

9. 한 묶음씩 늘어날 때마다 체리는 2개씩 늘어납니다.

10. 한 줄에 강낭콩 싹을 2개씩 심었으므로 2단 곱셈구구를 이용합니다.

2×(줄 수)=(강낭콩 싹의 개수)

└→ 한 줄에 심은 강낭콩 싹의 개수

02 3단 곱셈구구 10~11쪽

1. 3
2. 6
3. 3, 9
4. 4, 12
5. 5, 15
6. 6, 18
7. 7, 21
8. 8, 24
9. 9, 27
10. 15
11. 4, 12
12. 3×6=18
13. 3×7=21
14. 3×8=24
15. 3×3=9
16. 3×2=6
17. 3×9=27

9. 한 묶음씩 늘어날 때마다 풀은 3개씩 늘어납니다.

10. 주스 한 잔에 과일을 3개씩 사용하므로 3단 곱셈구구를 이용합니다.

3×(주스의 수)=(사용한 과일의 개수)

└→ 주스 한 잔에 사용한 과일의 개수

03 4단 곱셈구구 12~13쪽

1. 4
2. 8
3. 3, 12
4. 4, 16
5. 5, 20
6. 6, 24
7. 7, 28
8. 8, 32
9. 9, 36

10.

쪽지 시험 이름: 이수현 점수
범위: 4단 곱셈구구

(1) 4 × 1 = 4
(2) 4 × 3 = 12
(3) 4 × 5 = 20
(4) 4 × 6 = ~~26~~
(5) 4 × 7 = ~~32~~

11.

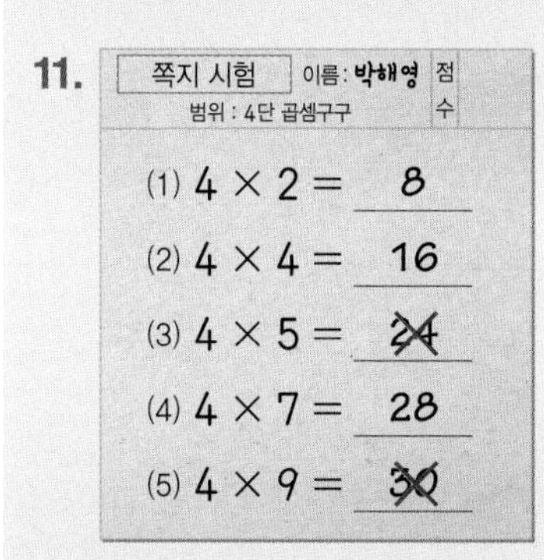

쪽지 시험 이름: 박해영 점수
범위: 4단 곱셈구구

(1) 4 × 2 = 8
(2) 4 × 4 = 16
(3) 4 × 5 = ~~24~~
(4) 4 × 7 = 28
(5) 4 × 9 = ~~30~~

12.

쪽지 시험 이름: 최빅터 점수
범위: 4단 곱셈구구

(1) 4 × 3 = 12
(2) 4 × 4 = ~~18~~
(3) 4 × 5 = ~~30~~
(4) 4 × 7 = ~~32~~
(5) 4 × 8 = ~~36~~

13.

쪽지 시험 이름: 류정한 점수
범위: 4단 곱셈구구

(1) 4 × 4 = 16
(2) 4 × 5 = 20
(3) 4 × 6 = 24
(4) 4 × 7 = 28
(5) 4 × 8 = ~~30~~

14.

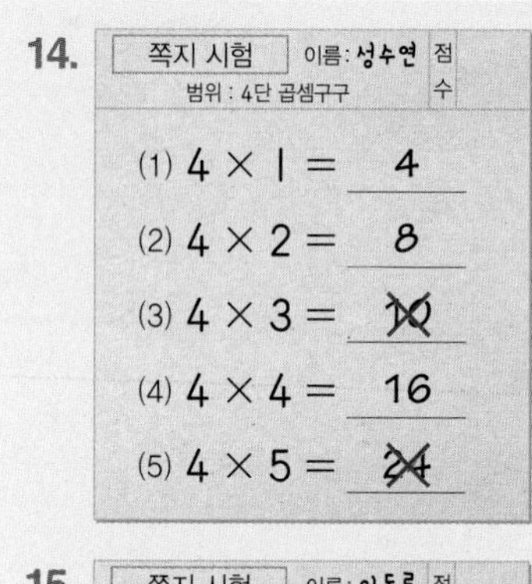

쪽지 시험	이름 : 성수연	점수
범위 : 4단 곱셈구구		

(1) 4 × 1 = 4

(2) 4 × 2 = 8

(3) 4 × 3 = 10 (X)

(4) 4 × 4 = 16

(5) 4 × 5 = 24 (X)

15.

쪽지 시험	이름 : 이동룡	점수
범위 : 4단 곱셈구구		

(1) 4 × 8 = 32

(2) 4 × 7 = 28

(3) 4 × 6 = 24

(4) 4 × 5 = 16 (X)

(5) 4 × 4 = 12 (X)

최빅터

10. (4) 4×6=24
(5) 4×7=28

11. (3) 4×5=20
(5) 4×9=36

04 5단 곱셈구구 14~15쪽

1. 5
2. 10
3. 3, 15
4. 4, 20
5. 5, 25
6. 6, 30
7. 7, 35
8. 8, 40
9. 9, 45
10. 35, 35
11. 4, 20, 20
12. 5×2=10, 10
13. 5×8=40, 40
14. 5×6=30, 30
15. 5×3=15, 15
16. 5×5=25, 25
17. 5×9=45, 45

05 2, 3, 4, 5단 곱셈구구 16~17쪽

1. 8
2. 15
3. 3, 12
4. 4, 20
5. 4, 12
6. 7, 14
7. 5, 25
8. 6, 24
9. 풀이 참조

9.

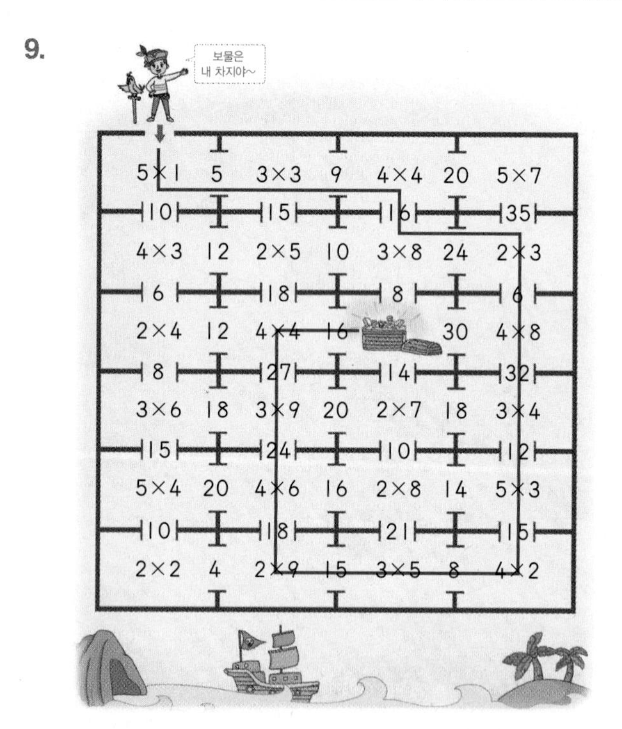

06 2~5단 곱셈구구와 덧셈식의 관계 18~19쪽

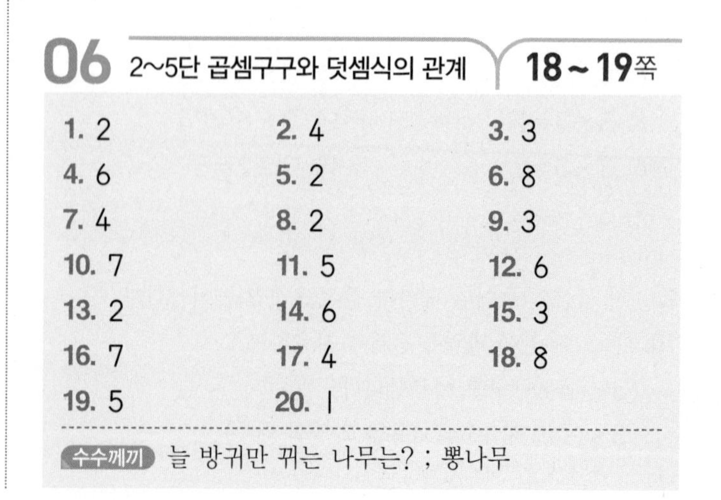

1. 2
2. 4
3. 3
4. 6
5. 2
6. 8
7. 4
8. 2
9. 3
10. 7
11. 5
12. 6
13. 2
14. 6
15. 3
16. 7
17. 4
18. 8
19. 5
20. 1

수수께끼 늘 방귀만 뀌는 나무는? ; 뽕나무

1. 2×4는 2×3의 곱에 2를 더한 값과 같습니다.
2. 5×5는 5×4의 곱에 5를 더한 값과 같습니다.

07 집중 연산 ❶ 20~21쪽

1. 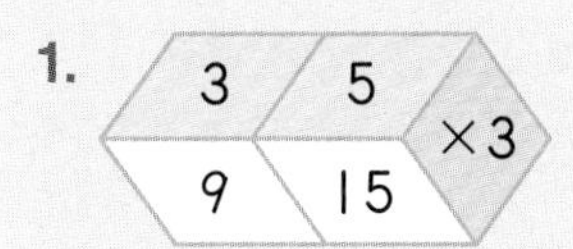

2. 2, 4, ×2 → 4, 8

3. 4, 2, ×5 → 20, 10

4. 5, 3, ×7 → 35, 21

5. 3, 2, ×4 → 12, 8

6. 4, 5, ×6 → 24, 30

7. 5, 4, ×9 → 45, 36

8. 2, 3, ×8 → 16, 24

9. 4, 2, ×3 → 12, 6

10. 3, 5, ×5 → 15, 25

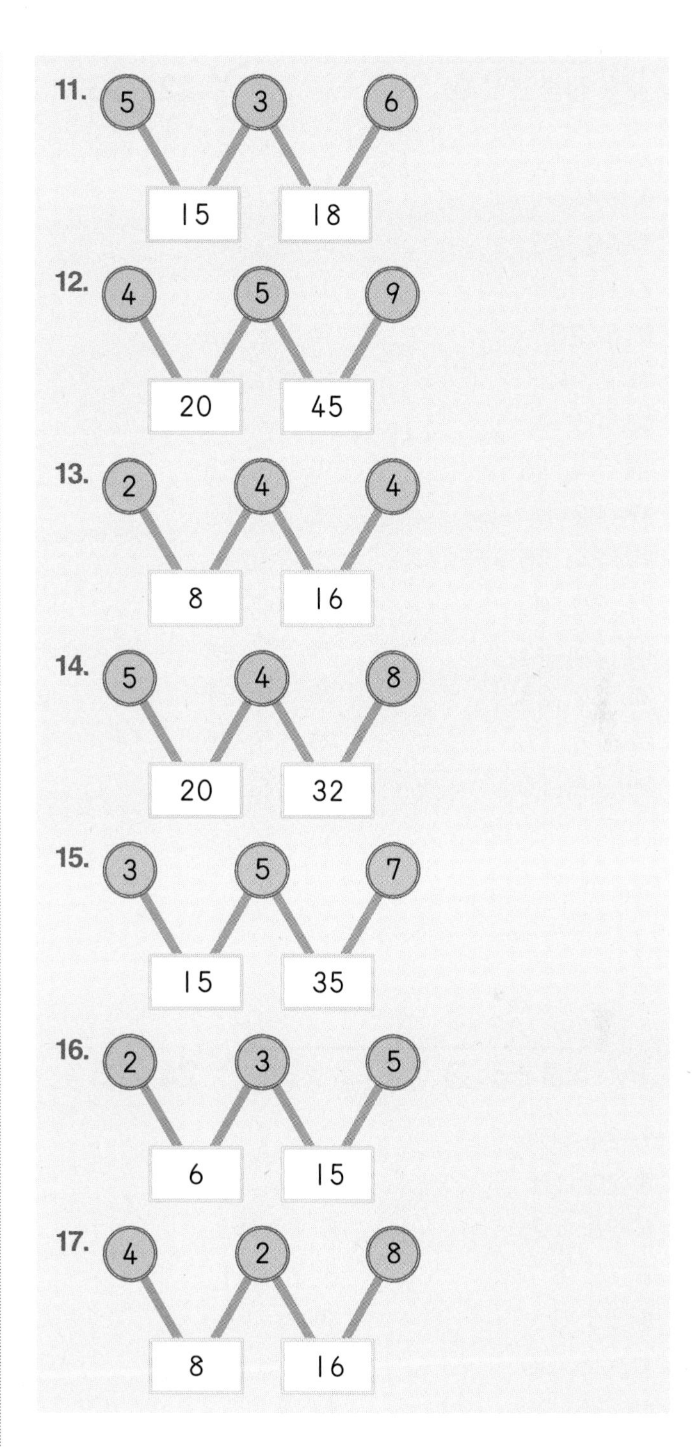

1. 3×3=9
   5×3=15
2. 2×2=4
   4×2=8
11. 5×3=15
    3×6=18
12. 4×5=20
    5×9=45

08 집중 연산 ❷ 22~23쪽

1. 27, 15
2. 28, 24
3. 6, 4
4. 12, 32
5. 40, 45
6. 21, 24
7. 10, 35
8. 8, 10
9. 8, 20
10. 12, 18
11. 6, 12
12. 20, 25
13. 18, 9
14. 16, 36
15. 14, 16
16. 20, 35
17. 12, 8
18. 15, 12
19. 24, 20
20. 9, 27
21. 30, 40
22. 10, 14
23. 25, 45
24. 12, 24
25. 32, 28
26. 18, 21
27. 18, 16
28. 15, 35
29. 16, 10
30. 36, 8

09 집중 연산 ❸ 24~25쪽

1. 24, 32
2. 6, 14
3. 20, 10
4. 24, 15
5. 28, 12
6. 15, 40
7. 12, 8
8. 27, 21
9. 16, 32
10. 6, 18
11. 25, 30
12. 16, 18
13. 35, 20
14. 9, 15
15. 12, 36
16. 18, 10
17. 21, 18
18. 8, 28
19. 20, 36
20. 35, 25
21. 12, 27
22. 4, 14
23. 6, 15
24. 45, 15
25. 24, 12
26. 20, 45
27. 9, 24
28. 40, 10
29. 4, 12
30. 8, 32

2 곱셈구구 (2)

01 6단 곱셈구구 28~29쪽

1. 6
2. 12
3. 3, 18
4. 4, 24
5. 5, 30
6. 6, 36
7. 7, 42
8. 8, 48
9. 9, 54
10. 24, 24
11. 6, 36, 36
12. $6\times7=42$, 42
13. $6\times5=30$, 30
14. $6\times3=18$, 18
15. $6\times8=48$, 48
16. $6\times9=54$, 54
17. $6\times2=12$, 12

1. 공깃돌이 한 묶음에 6개씩 있습니다.

10. 꼬치 한 개에 과일을 6조각씩 꽂았으므로 6단 곱셈구구를 이용합니다.
6×(만든 꼬치의 수)=(과일 조각의 수)
└→ 꼬치 한 개에 꽂은 과일 조각의 개수

02 7단 곱셈구구 30~31쪽

1. 7
2. 14
3. 3, 21
4. 4, 28
5. 5, 35
6. 6, 42
7. 7, 49
8. 8, 56
9. 9, 63
10. 42, 42
11. 7, 49, 49
12. $7\times4=28$, 28
13. $7\times5=35$, 35
14. $7\times3=21$, 21
15. $7\times9=63$, 63
16. $7\times2=14$, 14
17. $7\times8=56$, 56

1. 팔찌 한 개에는 보석이 7개씩 있습니다.

10. 한 상자에 망고를 7개씩 담았으므로 7단 곱셈구구를 이용합니다.
7×(상자 수)=(망고의 개수)
└→ 상자 한 개에 담은 망고의 개수

03 8단 곱셈구구 32~33쪽

1. 8　　2. 16
3. 3, 24　　4. 4, 32
5. 5, 40　　6. 6, 48
7. 7, 56　　8. 8, 64
9. 9, 72
10. (　) (○) (　)
11. (○) (　) (　)
12. (○) (○) (　)
13. (　) (　) (○)

1. 한 접시에 사과가 8개씩 있습니다.

10. $8\times5=40$
$8\times3=24$

11. $8\times9=72$
$8\times8=64$

12. $8\times4=32$

13. $8\times3=24$
$8\times6=48$

04 9단 곱셈구구 34~35쪽

1. 9　　2. 18
3. 3, 27　　4. 4, 36
5. 5, 45　　6. 6, 54
7. 7, 63　　8. 8, 72
9. 9, 81　　10. 27, 27
11. 6, 54, 54　　12. $9\times5=45$, 45
13. $9\times4=36$, 36　　14. $9\times8=72$, 72
15. $9\times1=9$, 9　　16. $9\times7=63$, 63
17. $9\times2=18$, 18

1. 테이프가 한 묶음에 9개씩 있습니다.

10. 가 9개씩 3줄 있습니다.

11. 가 9개씩 6줄 있습니다.

12. 가 9개씩 5줄 있습니다.

13. 가 9개씩 4줄 있습니다.

14. 가 9개씩 8줄 있습니다.

15. 가 9개씩 1줄 있습니다.

16. 가 9개씩 7줄 있습니다.

17. 가 9개씩 2줄 있습니다.

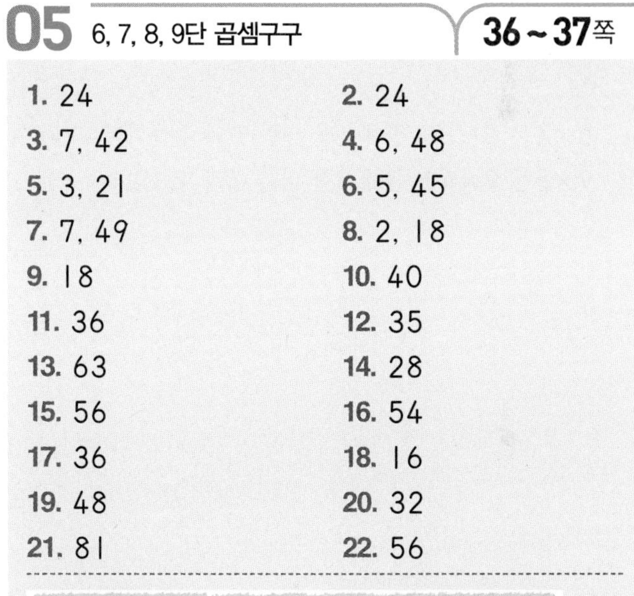

05 6, 7, 8, 9단 곱셈구구 36~37쪽

1. 24　　2. 24
3. 7, 42　　4. 6, 48
5. 3, 21　　6. 5, 45
7. 7, 49　　8. 2, 18
9. 18　　10. 40
11. 36　　12. 35
13. 63　　14. 28
15. 56　　16. 54
17. 36　　18. 16
19. 48　　20. 32
21. 81　　22. 56

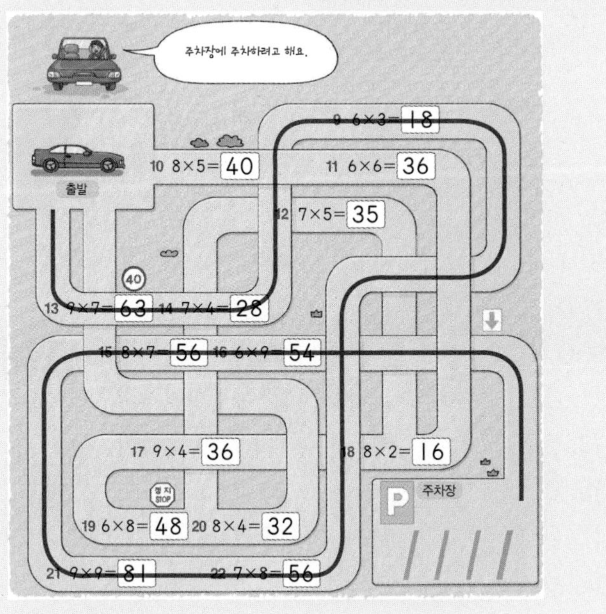

06 6~9단 곱셈구구와 덧셈식의 관계 38~39쪽

1. 6
2. 4
3. 8
4. 6
5. 9
6. 8
7. 7
8. 2
9. 8
10. 7
11. 6
12. 5
13. 8
14. 4
15. 9
16. 3
17. 7
18. 2
19. 6
20. 1
21. 5

연상퀴즈 하늘, 비, 일곱 가지 색깔 ; 무지개

1. 6×4는 6×3의 곱에 6을 더한 값과 같습니다.
2. 9×5는 9×4의 곱에 9를 더한 값과 같습니다.

07 1단 곱셈구구, 0과 어떤 수의 곱 40~41쪽

1. 2, 4, 6
2. 1, 3, 5
3. 7, 8, 9
4. 2, 7, 9
5. 4, 6, 8
6. 5, 3, 4
7. 0, 0, 0
8. 0, 0, 0
9. 0, 0, 0
10. 2
11. 0
12. 4, 4
13. 5, 0
14. 1, 7
15. 0, 0
16. 1, 8
17. 0, 0
18. 1, 9
19. 0, 0

08 곱셈표 만들기 42~43쪽

1.

×	1	2	3	4
2	2	4	6	8
3	3	6	9	12
4	4	8	12	16
5	5	10	15	20

2.

×	2	3	4	5
6	12	18	24	30
7	14	21	28	35
8	16	24	32	40
9	18	27	36	45

3.

×	6	7	8	9
4	24	28	32	36
5	30	35	40	45
6	36	42	48	54
7	42	49	56	63

4.

×	4	5	6	7
3	12	15	18	21
4	16	20	24	28
5	20	25	30	35
6	24	30	36	42

5.

×	1	2	3	4
4	4	8	12	16
5	5	10	15	20
6	6	12	18	24
7	7	14	21	28

6.

×	2	3	4	5
5	10	15	20	25
6	12	18	24	30
7	14	21	28	35
8	16	24	32	40

7.

×	3	4	5	6
6	18	24	30	36
7	21	28	35	42
8	24	32	40	48
9	27	36	45	54

8.

×	5	6	7	8
1	5	6	7	8
2	10	12	14	16
3	15	18	21	24
4	20	24	28	32

9.

×	6	7	8	9
2	12	14	16	18
3	18	21	24	27
4	24	28	32	36
5	30	35	40	45

10.

×	4	5	6	7
5	20	25	30	35
6	24	30	36	42
7	28	35	42	49
8	32	40	48	56

09 곱셈표에서 규칙 찾기 44~45쪽

1. 12
2. 7
3. 3
4. 6
5. 35
6. 18
7. 6
8. 72
9. 21
10. 24
11. 36
12. 10
13. 12
14. 45

10 집중 연산 ❶ 46~47쪽

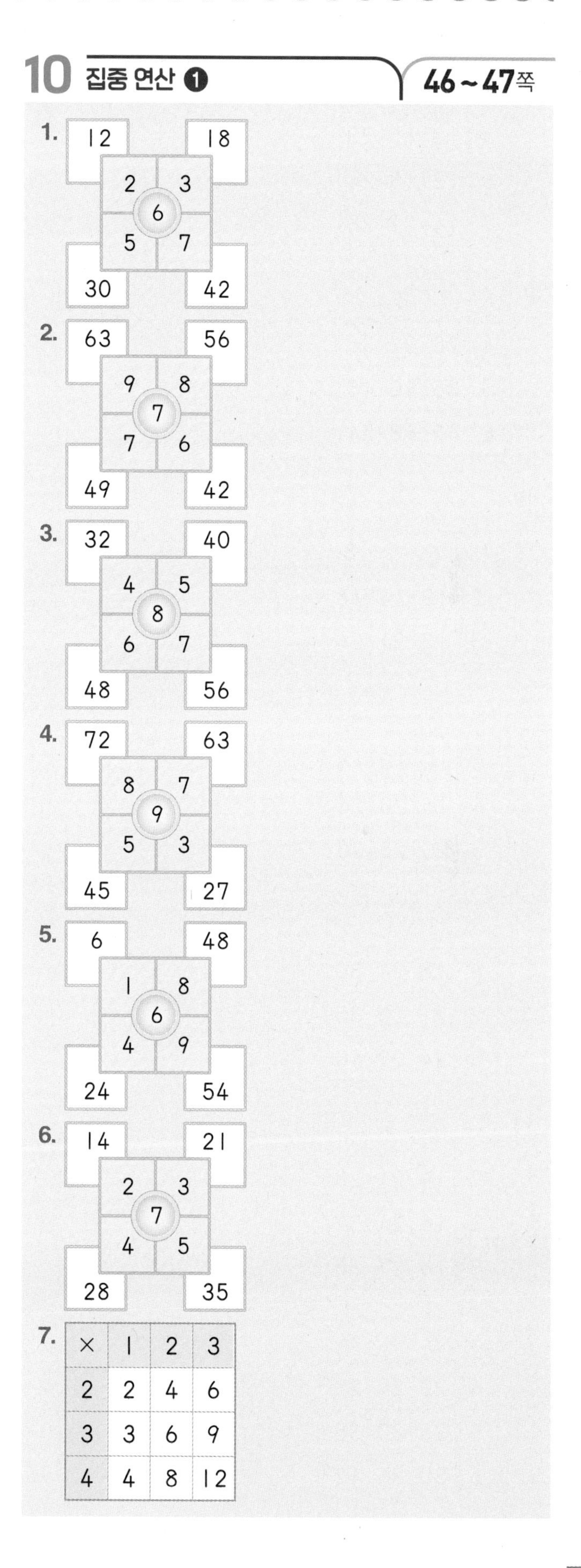

×	1	2	3
2	2	4	6
3	3	6	9
4	4	8	12

8.

×	2	3	4
5	10	15	20
6	12	18	24
7	14	21	28

9.

×	7	8	9
4	28	32	36
5	35	40	45
6	42	48	54

10.

×	6	7	8
1	6	7	8
2	12	14	16
3	18	21	24

11.

×	4	5	6
3	12	15	18
4	16	20	24
5	20	25	30

12.

×	3	4	5
6	18	24	30
7	21	28	35
8	24	32	40

13.

×	2	3	4
7	14	21	28
8	16	24	32
9	18	27	36

14.

×	5	6	7
4	20	24	28
5	25	30	35
6	30	36	42

11 집중 연산 ❷ 48~49쪽

1. 54, 30 **2.** 49, 42
3. 24, 16 **4.** 21, 42
5. 72, 81 **6.** 42, 48
7. 18, 63 **8.** 32, 40
9. 28, 35 **10.** 48, 24
11. 36, 24 **12.** 54, 45
13. 48, 18 **14.** 28, 63
15. 48, 64 **16.** 45, 63
17. 56, 40 **18.** 24, 48
19. 16, 64 **20.** 56, 28
21. 27, 63 **22.** 30, 18
23. 72, 36 **24.** 64, 72
25. 21, 49 **26.** 42, 12
27. 18, 81 **28.** 32, 56
29. 42, 14 **30.** 24, 54

12 집중 연산 ❸ 50~51쪽

1. 24, 48 **2.** 35, 21
3. 12, 24 **4.** 42, 18
5. 36, 45 **6.** 56, 32
7. 72, 18 **8.** 48, 40
9. 49, 21 **10.** 30, 54
11. 28, 35 **12.** 45, 72
13. 21, 56 **14.** 64, 48
15. 42, 24 **16.** 72, 40
17. 63, 54 **18.** 14, 49
19. 35, 63 **20.** 36, 30
21. 72, 81 **22.** 16, 56
23. 18, 45 **24.** 54, 18
25. 42, 21 **26.** 12, 42
27. 27, 54 **28.** 48, 18
29. 32, 72 **30.** 28, 56

3 곱셈

01 2, 3단 곱셈구구를 이용하여 □의 값 구하기 54~55쪽

1. 5, 7
2. 5, 3
3. 2, 6
4. 2, 3, 6
5. 7, 4, 8
6. 9, 6, 5
7. 8, 9, 1
8. 9, 6, 1
9. 9, 7, 5
10. 7, 7
11. 6, 6
12. 5, 5
13. 4, 4
14. 9, 9
15. 8, 8
16. 3, 3
17. 5, 5

7. 2×□=16 ➡ 2×8=16이므로 □=8
 2×□=18 ➡ 2×9=18이므로 □=9
 2×□=2 ➡ 2×1=2이므로 □=1
8. 3×□=27 ➡ 3×9=27이므로 □=9
 3×□=18 ➡ 3×6=18이므로 □=6
 3×□=3 ➡ 3×1=3이므로 □=1
9. □×2=18 ➡ 2×9=18이므로 □=9
 □×2=14 ➡ 2×7=14이므로 □=7
 □×2=10 ➡ 2×5=10이므로 □=5

02 4, 5단 곱셈구구를 이용하여 □의 값 구하기 56~57쪽

1. 8, 9
2. 3, 7
3. 5, 7
4. 4, 7, 2
5. 9, 4, 1
6. 5, 6, 9
7. 1, 6, 5
8. 5, 6, 8
9. 8, 4, 9
10. 3에 ○표
11. 5에 ○표
12. 7에 ○표
13. 4에 ○표
14. 6에 ○표
15. 9에 ○표

5. 5×□=45 ➡ 5×9=45이므로 □=9
 5×□=20 ➡ 5×4=20이므로 □=4
 5×□=5 ➡ 5×1=5이므로 □=1
6. □×5=25 ➡ 5×5=25이므로 □=5
 □×5=30 ➡ 5×6=30이므로 □=6
 □×5=45 ➡ 5×9=45이므로 □=9
10. 4×□=12 → 4×3=12이므로 □=3
 5×□=15 → 5×3=15이므로 □=3
 ➡ □ 안에 공통으로 들어갈 수는 3입니다.
11. □×5=25 → 5×5=25이므로 □=5
 □×4=20 → 4×5=20이므로 □=5
 ➡ □ 안에 공통으로 들어갈 수는 5입니다.

03 2~5단 곱셈구구를 이용하여 개수 구하기 58~59쪽

1. 12
2. 8
3. 예 5, 3, 15
4. 3, 3, 9
5. 예 3, 2, 6
6. 예 4, 2, 8
7. 예 4, 5, 20
8. 5, 5, 25
9. 4, 16, 16
10. 3, 15, 15
11. 3, 6, 6
12. 4, 12, 12
13. 예 5, 2, 10, 10
14. 예 4, 2, 8, 8
15. 예 3, 5, 15, 15
16. 예 2, 5, 10, 10

3. 3개씩 5줄이라 하여 3×5=15라고 할 수 있습니다.
5. 2개씩 3줄이라 하여 2×3=6이라고 할 수 있습니다.
6. 2개씩 4줄이라 하여 2×4=8이라고 할 수 있습니다.
7. 5개씩 4줄이라 하여 5×4=20이라고 할 수 있습니다.
13. 2개씩 5줄이라 하여 2×5=10이라고 할 수 있습니다.
14. 2개씩 4줄이라 하여 2×4=8이라고 할 수 있습니다.
15. 5개씩 3줄이라 하여 5×3=15라고 할 수 있습니다.
16. 5개씩 2줄이라 하여 5×2=10이라고 할 수 있습니다.

04 6, 7단 곱셈구구를 이용하여 □의 값 구하기 60~61쪽

1. 8, 9	2. 4, 7
3. 5, 7	4. 2, 4, 6
5. 2, 8, 1	6. 5, 6, 9
7. 7, 1, 5	8. 4, 6, 9
9. 8, 6, 4	10. 2, 2
11. 6, 6	12. 5, 5
13. 4, 4	14. 9, 9
15. 8, 8	16. 3, 3
17. 5, 5	

1. $6\times\square=48$ ➡ $6\times8=48$이므로 $\square=8$
   $6\times\square=54$ ➡ $6\times9=54$이므로 $\square=9$
2. $7\times\square=28$ ➡ $7\times4=28$이므로 $\square=4$
   $7\times\square=49$ ➡ $7\times7=49$이므로 $\square=7$
3. $\square\times6=30$ ➡ $6\times5=30$이므로 $\square=5$
   $\square\times6=42$ ➡ $6\times7=42$이므로 $\square=7$
6. $\square\times7=35$ ➡ $7\times5=35$이므로 $\square=5$
   $\square\times7=42$ ➡ $7\times6=42$이므로 $\square=6$
   $\square\times7=63$ ➡ $7\times9=63$이므로 $\square=9$
7. $6\times\square=42$ ➡ $6\times7=42$이므로 $\square=7$
   $6\times\square=6$ ➡ $6\times1=6$이므로 $\square=1$
   $6\times\square=30$ ➡ $6\times5=30$이므로 $\square=5$

05 8, 9단 곱셈구구를 이용하여 □의 값 구하기 62~63쪽

1. 8, 9	2. 4, 7
3. 5, 7	4. 2, 4, 6
5. 2, 5, 8	6. 4, 6, 9
7. 1, 5, 7	8. 9, 6, 1
9. 2, 3, 4	10. 8, 8
11. 6, 6	12. 3, 3
13. 7, 7	14. 7, 7
15. 9, 9	16. 4, 4
17. 2, 2	

1. $8\times\square=64$ ➡ $8\times8=64$이므로 $\square=8$
   $8\times\square=72$ ➡ $8\times9=72$이므로 $\square=9$
2. $9\times\square=36$ ➡ $9\times4=36$이므로 $\square=4$
   $9\times\square=63$ ➡ $9\times7=63$이므로 $\square=7$
3. $\square\times8=40$ ➡ $8\times5=40$이므로 $\square=5$
   $\square\times8=56$ ➡ $8\times7=56$이므로 $\square=7$
6. $\square\times9=36$ ➡ $9\times4=36$이므로 $\square=4$
   $\square\times9=54$ ➡ $9\times6=54$이므로 $\square=6$
   $\square\times9=81$ ➡ $9\times9=81$이므로 $\square=9$
7. $8\times\square=8$ ➡ $8\times1=8$이므로 $\square=1$
   $8\times\square=40$ ➡ $8\times5=40$이므로 $\square=5$
   $8\times\square=56$ ➡ $8\times7=56$이므로 $\square=7$

06 6~9단 곱셈구구를 이용하여 개수 구하기 64~65쪽

1. 3, 21	2. 예 8, 3, 24
3. 예 9, 2, 18	4. 예 6, 2, 12
5. 6, 6, 36	6. 예 9, 6, 54
7. 예 8, 7, 56	8. 7, 7, 49
9. 5, 40	10. 6, 36
11. 예 7, 6, 42	12. 예 9, 6, 54
13. 예 9, 4, 36	14. 예 6, 5, 30

2. 3개씩 8줄이라 하여 $3\times8=24$라고 할 수 있습니다.
3. 2개씩 9줄이라 하여 $2\times9=18$이라고 할 수 있습니다.
4. 2개씩 6줄이라 하여 $2\times6=12$라고 할 수 있습니다.
6. 6개씩 9줄이라 하여 $6\times9=54$라고 할 수 있습니다.
7. 7개씩 8줄이라 하여 $7\times8=56$이라고 할 수 있습니다.
11. 6송이씩 7줄이라 하여 $6\times7=42$라고 할 수 있습니다.
12. 6송이씩 9줄이라 하여 $6\times9=54$라고 할 수 있습니다.
13. 4송이씩 9줄이라 하여 $4\times9=36$이라고 할 수 있습니다.
14. 5송이씩 6줄이라 하여 $5\times6=30$이라고 할 수 있습니다.

07 0의 곱과 1단 곱셈구구를 이용하여 □의 값 구하기 66 ~ 67쪽

1. 0, 0
2. 4, 9
3. 0, 0
4. 0, 0, 0
5. 6, 7, 8
6. 4, 9, 2
7. 0, 0, 0
8. 1, 2, 3
9. 5, 7, 6
10. 0
11. 5
12. 0
13. 6
14. 0
15. 3
16. 0
17. 7
18. 0
19. 2

08 두 수를 바꾸어 곱하기 68 ~ 69쪽

1. 8
2. 5
3. 3
4. 9
5. 8
6. 2
7. 7
8. 4
9. 3
10. 2
11. 3
12. 9
13. 4
14. 2
15. 7
16. 2
17. 5
18. 7
19. 8
20. 9
21. 4
22. 3
23. 6
24. 0
25. 1

수수께끼 요정의 방귀 뀌는 소리는? ; 뾰로롱

09 곱이 같은 곱셈구구 70 ~ 71쪽

1. 2, 8, 4
2. 9, 9, 36, 6
3. 3, 8, 4, 6, 24
4. 3, 6, 2, 9, 18

5.

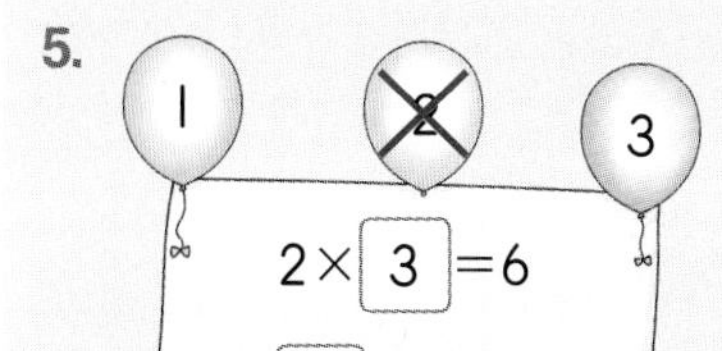

6.

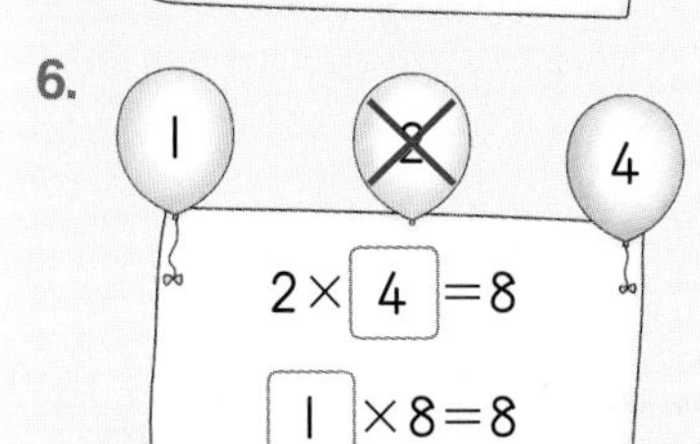

7.

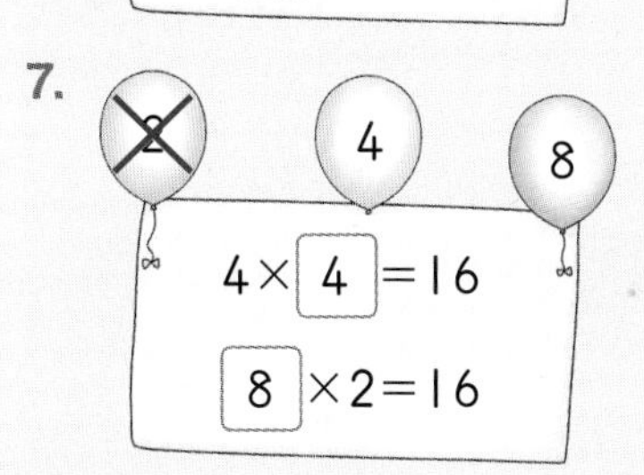

8.

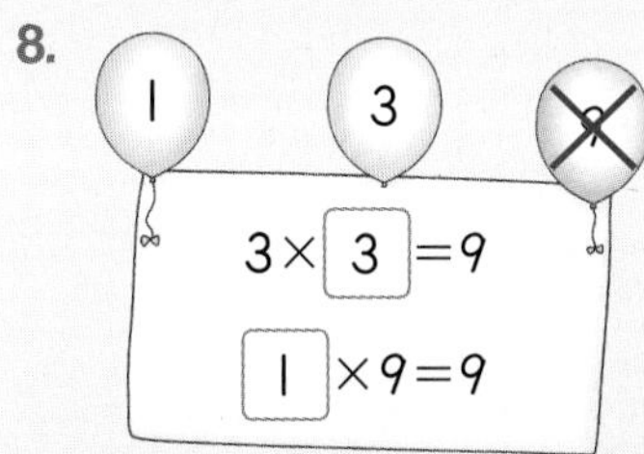

9.

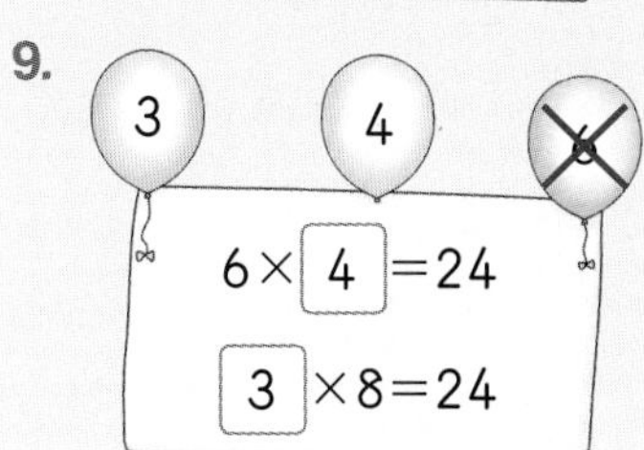

10.

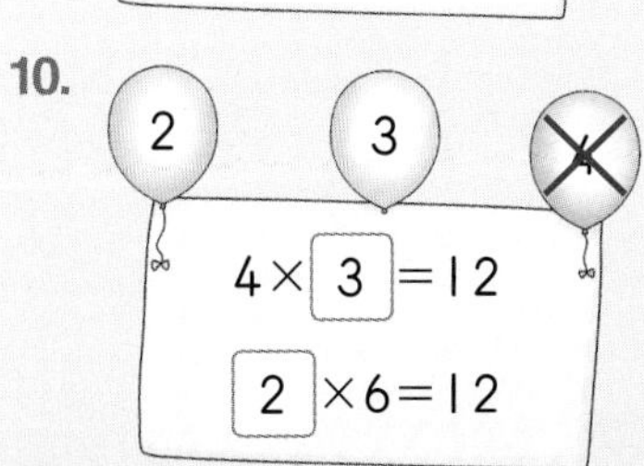

11.

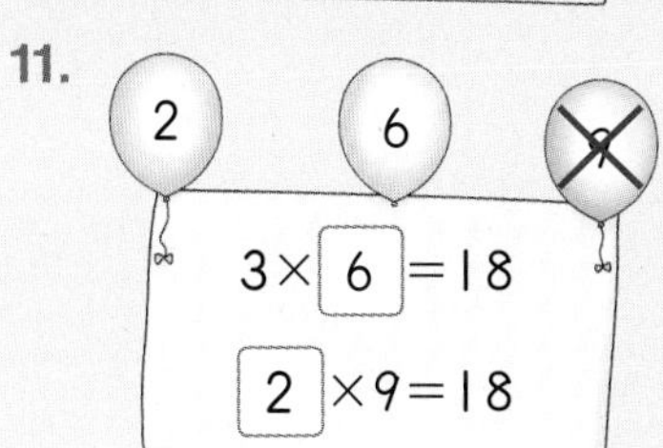

12.

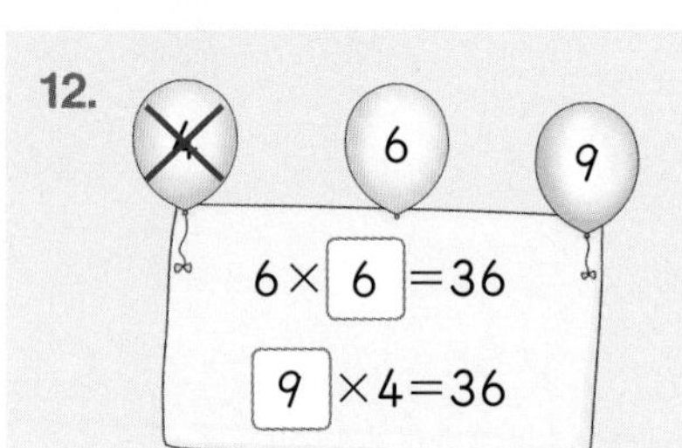

10 집중 연산 ❶ 72~73쪽

1.

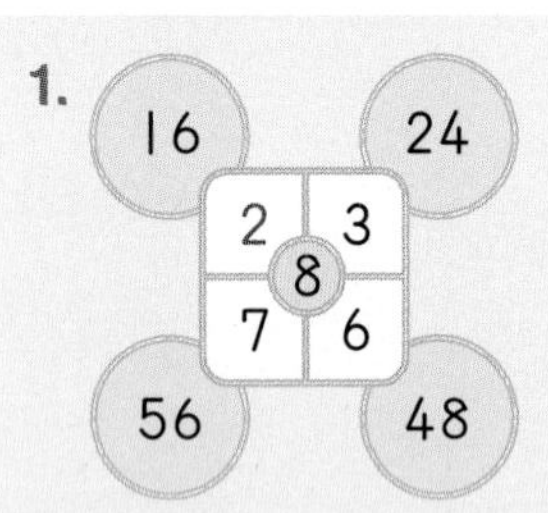

2.

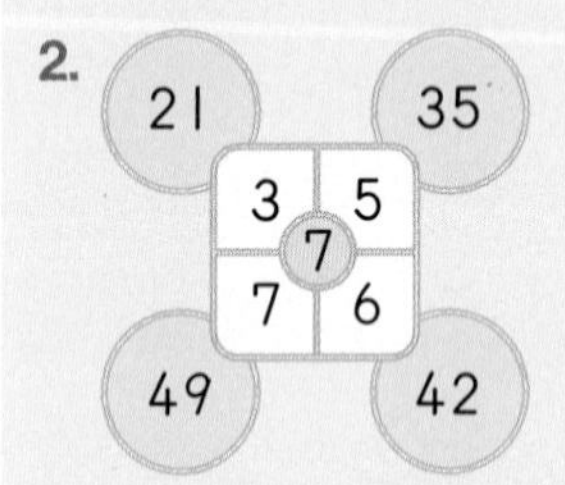

3.

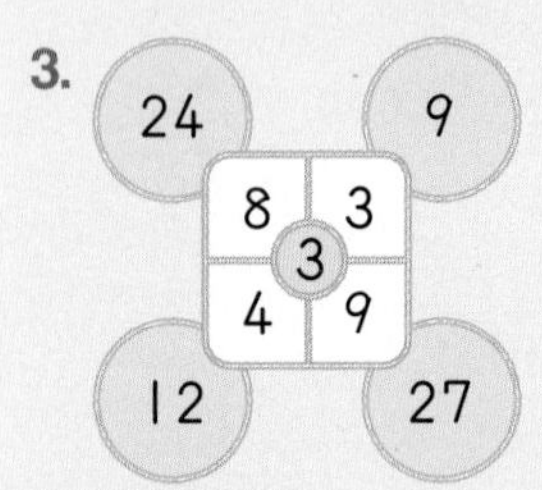

4.

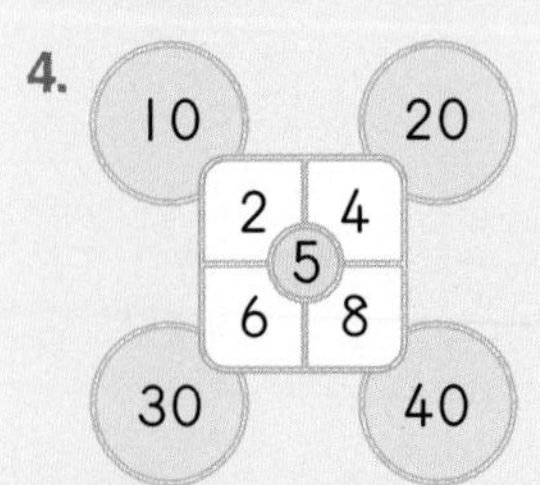

5.

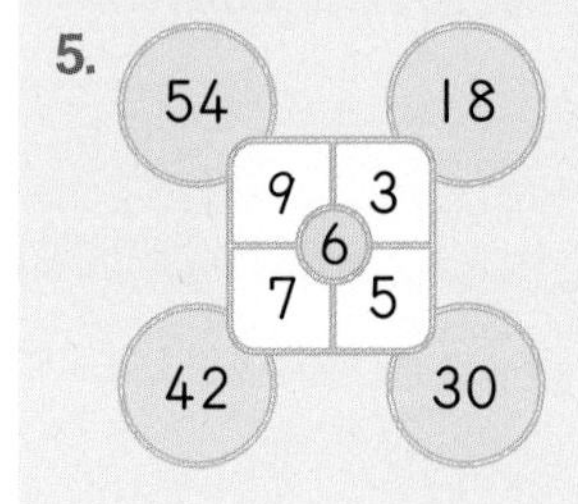

6.

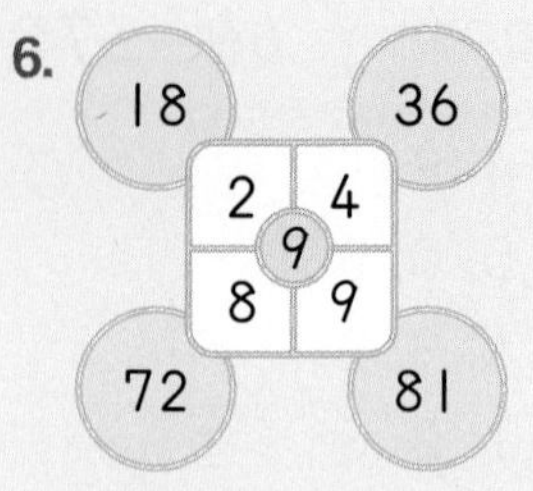

7.

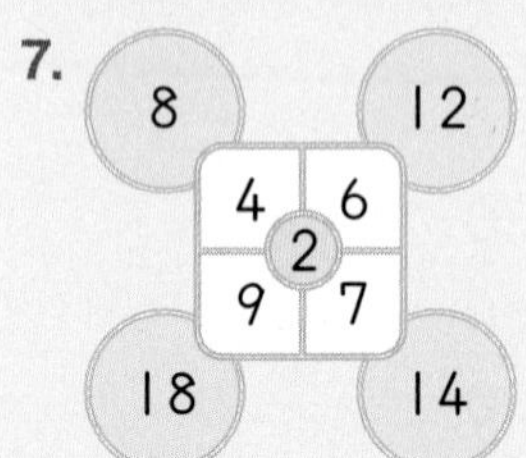

8.

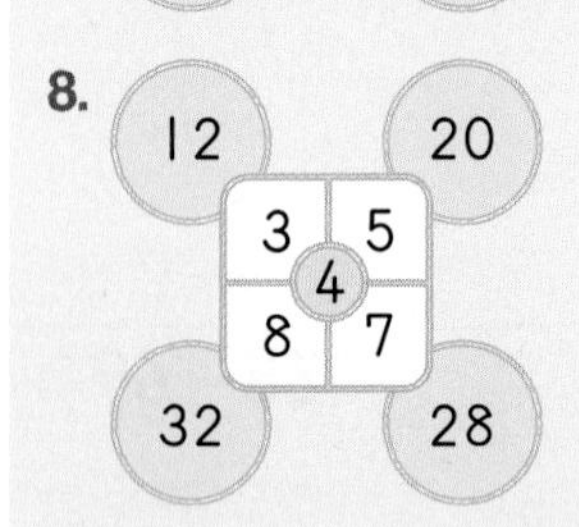

9.

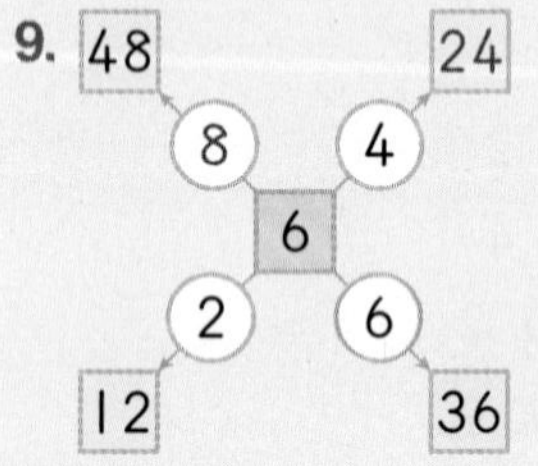

10.

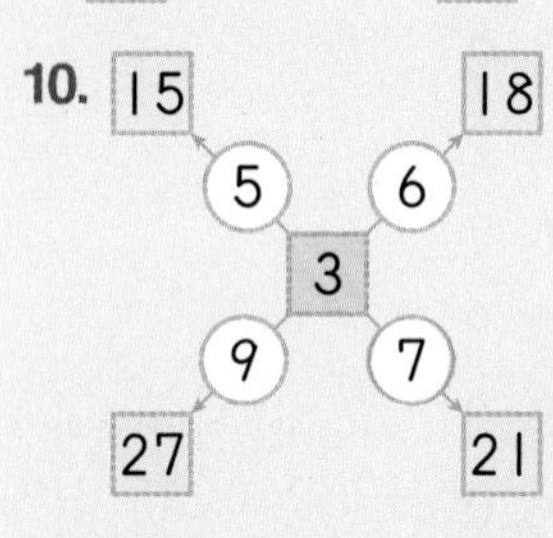

11.

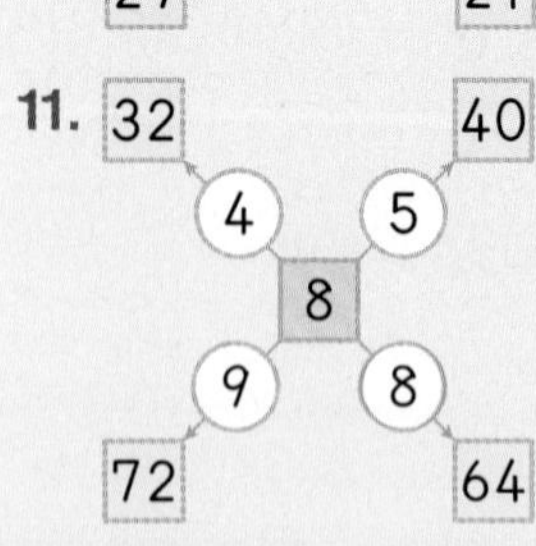

12.

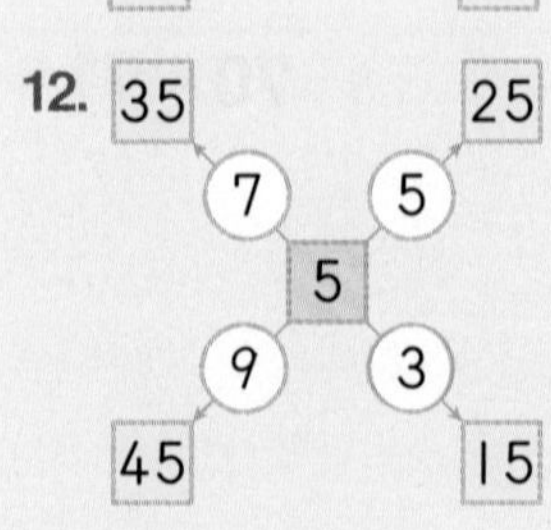

13.

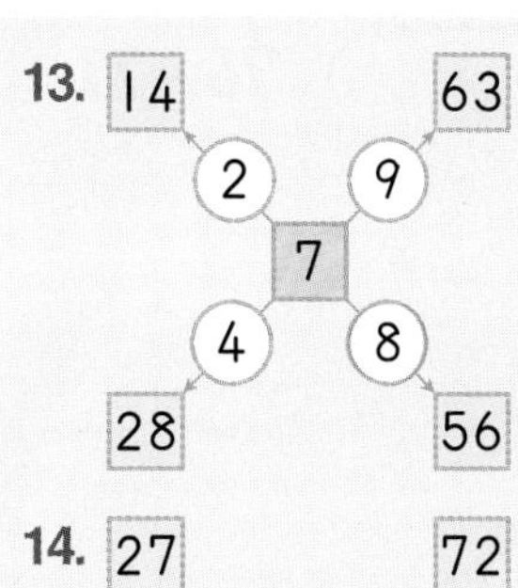

14.

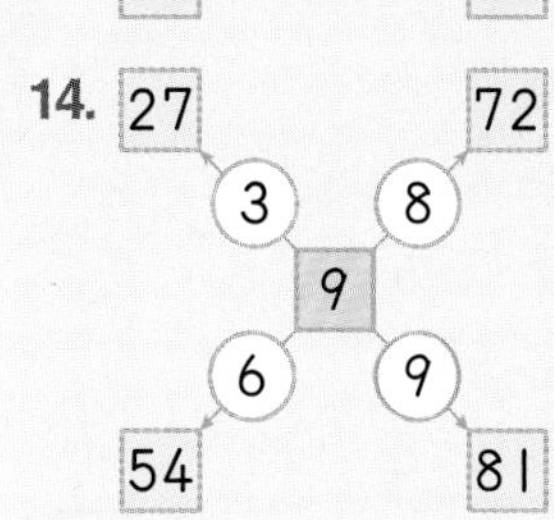

1. $8\times\square=24$ ➡ $8\times3=24$이므로 $\square=3$
   $8\times\square=56$ ➡ $8\times7=56$이므로 $\square=7$
   $8\times\square=48$ ➡ $8\times6=48$이므로 $\square=6$
9. $6\times\square=12$ ➡ $6\times2=12$이므로 $\square=2$
   $6\times6=\square$ ➡ $\square=36$
10. $3\times\square=15$ ➡ $3\times5=15$이므로 $\square=5$
   $3\times6=\square$ ➡ $\square=18$
   $3\times9=\square$ ➡ $\square=27$
   $3\times\square=21$ ➡ $3\times7=21$이므로 $\square=7$

11 집중 연산 ❷ 74~75쪽

1.

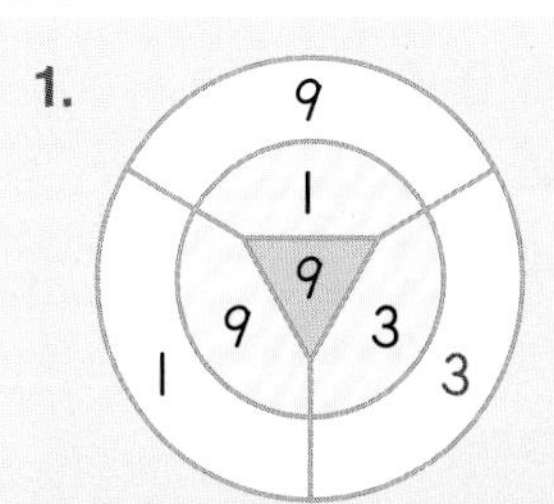

2.

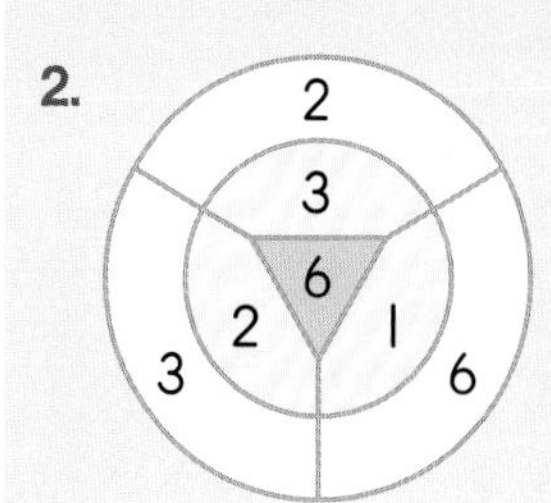

3.

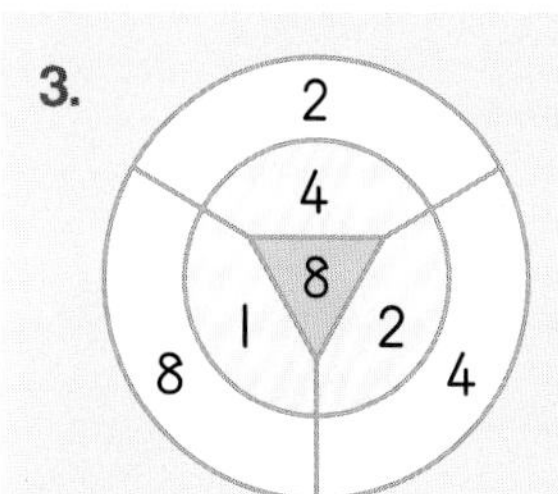

4.

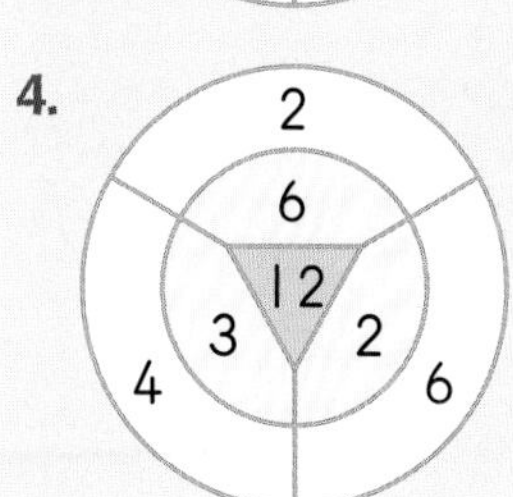

5.

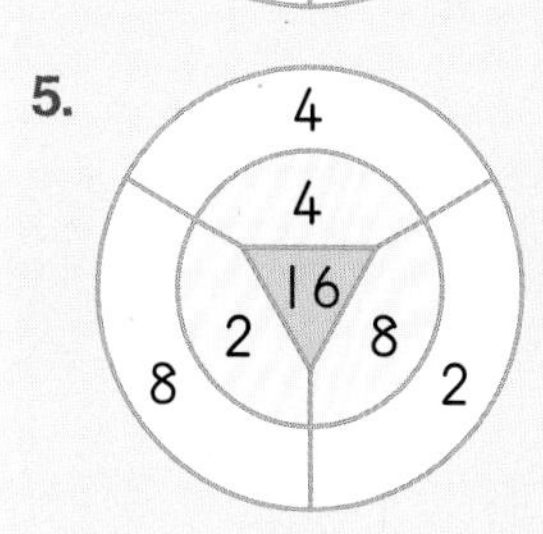

6.

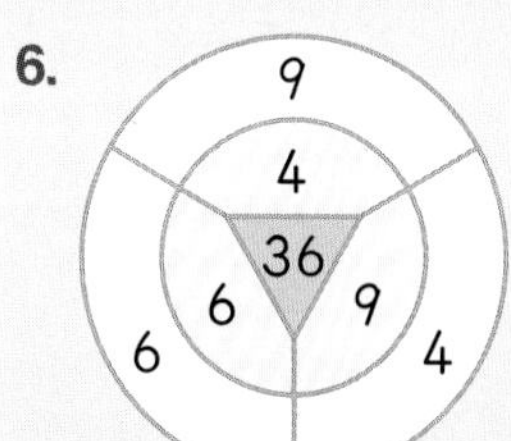

7.

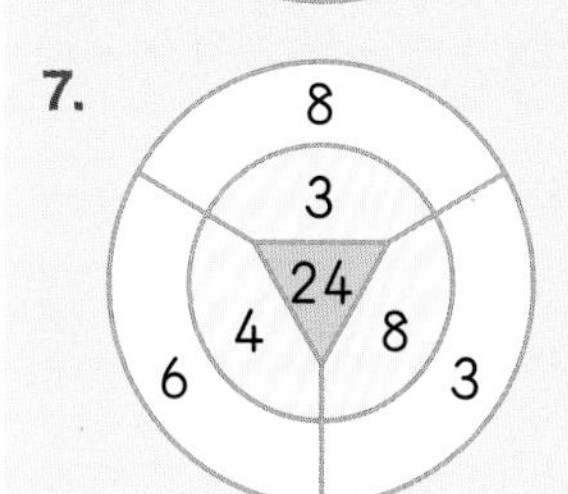

8.

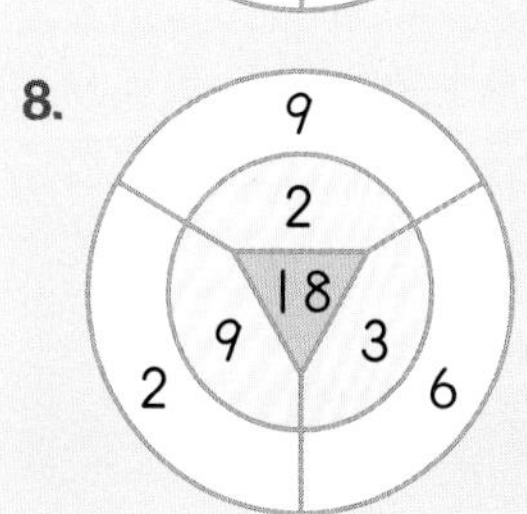

9.

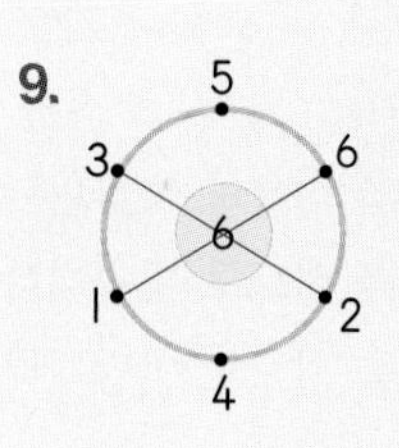

10.

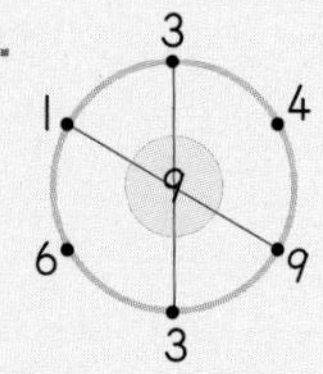

11.

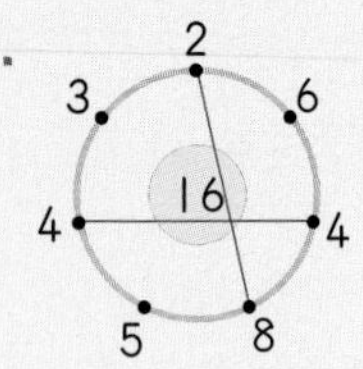

12.

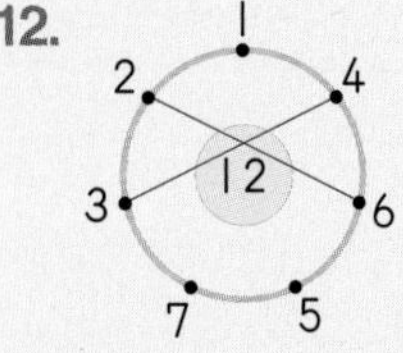

13.

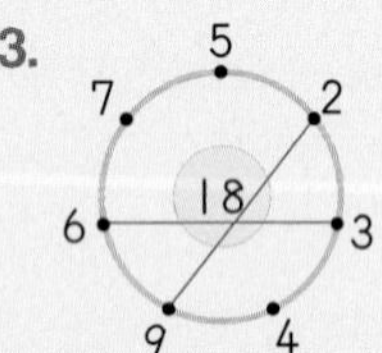

14.

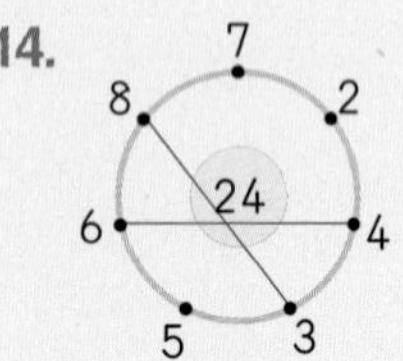

15.

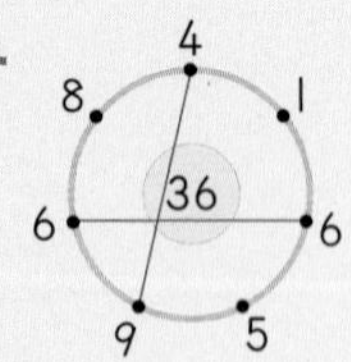

1. $1\times\square=9$ ➡ $1\times9=9$이므로 $\square=9$
   $9\times\square=9$ ➡ $9\times1=9$이므로 $\square=1$
2. $3\times\square=6$ ➡ $3\times2=6$이므로 $\square=2$
   $2\times\square=6$ ➡ $2\times3=6$이므로 $\square=3$
   $1\times\square=6$ ➡ $1\times6=6$이므로 $\square=6$
9. $3\times2=6$, $2\times3=6$이므로 2와 3을 선으로 잇습니다.
   $1\times6=6$, $6\times1=6$이므로 1과 6을 선으로 잇습니다.
10. $1\times9=9$, $9\times1=9$이므로 1과 9를 선으로 잇습니다.
   $3\times3=9$이므로 3과 3을 선으로 잇습니다.

12 집중 연산 ❸ 76~77쪽

1. 3, 8	2. 3, 5
3. 3, 7	4. 5, 7
5. 4, 9	6. 8, 5
7. 7, 8	8. 3, 6
9. 3, 7	10. 7, 6
11. 6, 6	12. 4, 8
13. 4, 5	14. 7, 6
15. 6, 5	16. 9, 3
17. 6, 4	18. 4, 8
19. 6, 5	20. 7, 7
21. 8, 5	22. 9, 8
23. 7, 8	24. 8, 9
25. 5, 6	26. 4, 4
27. 4, 6	28. 4, 7
29. 6, 7	30. 7, 6

13 집중 연산 ❹ 78~79쪽

1. 3, 8	2. 9, 5
3. 2, 7	4. 0, 0
5. 0, 0	6. 0, 0
7. 6, 2	8. 3, 4
9. 0, 0	10. 0, 0
11. 0, 4	12. 5, 0
13. 6, 0	14. 0, 7
15 9, 0	16. 5, 3
17. 4, 2	18. 6, 9
19. 5, 3	20. 2, 7
21. 4, 4	22. 3, 5
23. 8, 2	24. 7, 9
25. 2, 5	26. 2, 3
27. 7, 5	28. 4, 8
29. 6, 8	30. 9, 7

4 길이의 합

01 m와 cm 사이의 관계 82~83쪽

1. 200, 400
2. 43, 2
3. 500, 800
4. 2, 38 ; 7, 95
5. 3, 7
6. 5, 61 ; 6, 14
7. 9, 6
8. 174, 418
9. 풀이 참조

9.

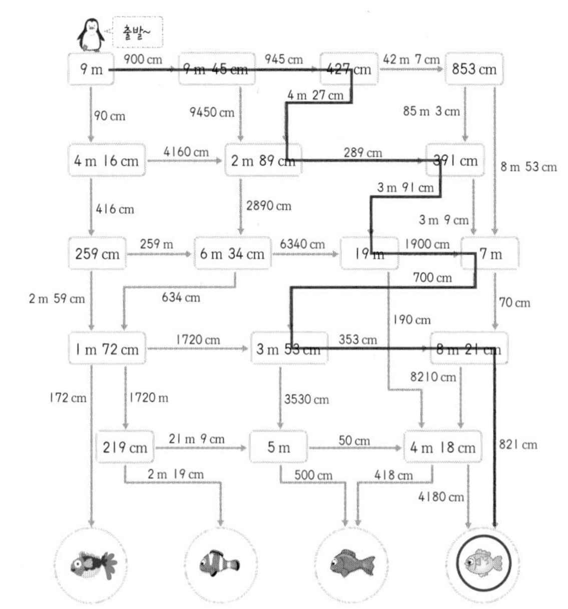

10.

	33	m	50	cm
+	41	m	15	cm
	74	m	65	cm

11.

	55	m	34	cm
+	41	m	15	cm
	96	m	49	cm

12.

	62	m	17	cm
+	24	m	81	cm
	86	m	98	cm

13.

	13	m	15	cm
+	55	m	34	cm
	68	m	49	cm

14.

	55	m	34	cm
+	33	m	50	cm
	88	m	84	cm

15.

	41	m	15	cm
+	26	m	83	cm
	67	m	98	cm

16.

	24	m	81	cm
+	41	m	15	cm
	65	m	96	cm

02 받아올림이 없는 길이의 합 (1) 84~85쪽

1. 4, 44
2. 6, 75
3. 6, 47
4. 7, 75
5. 5, 89
6. 9, 88
7. 9, 89
8. 8, 68
9. 8, 77

03 받아올림이 없는 길이의 합 (2) 86~87쪽

1. 36
2. 4
3. 9, 69
4. 8, 38

5. 7, 57
6. 9, 39
7. 5, 54
8. 8, 99
9. 9, 87
10. 4, 88
11. 5 m 66 cm
12. 9 m 79 cm
13. 8 m 69 cm
14. 7 m 79 cm
15. 4 m 68 cm
16. 3 m 96 cm
17. 11 m 87 cm
18. 10 m 67 cm
19. 2 m 99 cm
20. 6 m 88 cm

디

2 m 99 cm	3 m 96 cm	4 m 68 cm	5 m 60 cm	5 m 66 cm
6 m 88 cm	6 m 99 cm	7 m 59 cm	7 m 69 cm	7 m 79 cm
8 m 69 cm	9 m 79 cm	10 m 67 cm	11 m 77 cm	11 m 87 cm

04 받아올림이 있는 길이의 합 (1) 88~89쪽

1. 5, 12
2. 5, 21
3. 7, 22
4. 8, 40
5. 7, 41
6. 9, 28
7. 2, 9
8. 6, 23
9. 5, 22
10. 3, 14
11. 3, 23
12. 2, 21
13. 3, 22
14. 2, 10
15. 3, 43
16. 3, 2
17. 3, 91

1.

	1			
	1	m	54	cm
+	3	m	58	cm
	5	m	12	cm

10.
$$\begin{array}{r} 1 \phantom{\text{ m 78 cm}} \\ 1\text{ m }78\text{ cm} \\ +\ 1\text{ m }36\text{ cm} \\ \hline 3\text{ m }14\text{ cm} \end{array}$$

12.
$$\begin{array}{r} 1 \phantom{\text{ m 25 cm}} \\ 96\text{ cm} \\ +\ 1\text{ m }25\text{ cm} \\ \hline 2\text{ m }21\text{ cm} \end{array}$$

05 받아올림이 있는 길이의 합 (2) 90~91쪽

1. 6
2. 12
3. 7, 23
4. 7, 22
5. 7, 15
6. 8, 32
7. 12, 11
8. 14, 30
9. 6, 17
10. 2, 40
11. 5 m 11 cm, 5 m 11 cm
12. 8 m 32 cm, 8 m 32 cm
13. 6 m 43 cm, 6 m 43 cm
14. 6 m 28 cm, 5 m 67 cm
15. 10 m 12 cm, 10 m 14 cm
16. 9 m 22 cm, 9 m 22 cm

캐롤, 산타, 선물, 루돌프에 ○표 ; 크리스마스

11. 1 m 19 cm+3 m 92 cm=4 m 111 cm
=5 m 11 cm
2 m 56 cm+2 m 55 cm=4 m 111 cm
=5 m 11 cm

14. 3 m 72 cm+2 m 56 cm=5 m 128 cm
=6 m 28 cm
4 m 73 cm+94 cm=4 m 167 cm
=5 m 67 cm

15. 8 m 24 cm+1 m 88 cm=9 m 112 cm
=10 m 12 cm
7 m 39 cm+2 m 75 cm=9 m 114 cm
=10 m 14 cm

06 길이의 합을 ▲ m ■ cm로 나타내기 92~93쪽

1. 20, 3, 20
2. 3, 9, 10
3. 8, 70
4. 5, 80
5. 6, 78
6. 7, 96
7. 8, 15
8. 9, 59
9. 10, 41
10. 13, 61
11. 2, 35
12. 4, 46
13. 5, 28
14. 3, 72
15. 7, 60
16. 3, 99
17. 9, 76
18. 7, 60

분, 홍에 ○표 ; 카네이션

11. 1 m+135 cm=1 m+1 m 35 cm
=2 m 35 cm

13. 270 cm+2 m 58 cm=2 m 70 cm+2 m 58 cm
=4 m 128 cm
=5 m 28 cm

14. 1 m 80 cm+192 cm=1 m 80 cm+1 m 92 cm
=2 m 172 cm
=3 m 72 cm

07 길이의 합을 ■ cm로 나타내기 94~95쪽

1. 560
2. 760
3. 360
4. 790
5. 739
6. 549
7. 877
8. 640
9. 725
10. 930
11. 580
12. 650
13. 480
14. 310
15. 790
16. 840
17. 876
18. 858
19. 931
20. 779

수수께끼 문인데 닫지 못하는 문은? ; 소문

11. 1 m 80 cm+4 m=5 m 80 cm
=580 cm

13. 230 cm+2 m 50 cm=2 m 30 cm+2 m 50 cm
=4 m 80 cm
=480 cm

08 집중 연산 ❶ 96~97쪽

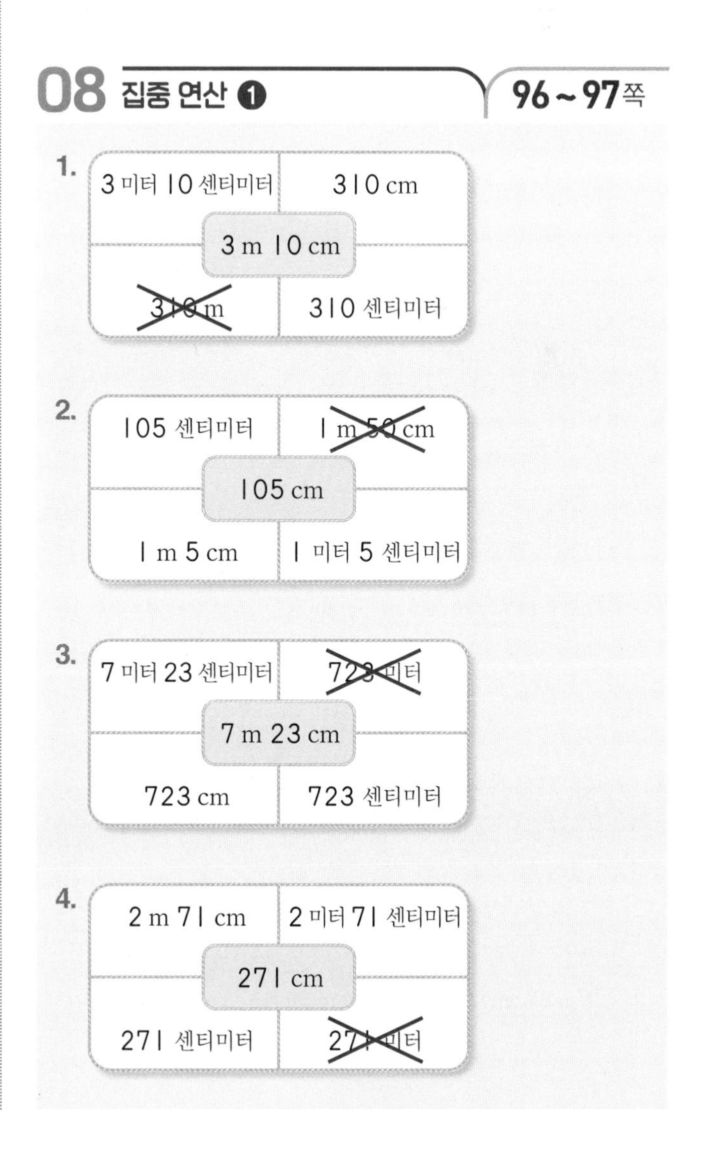

5.

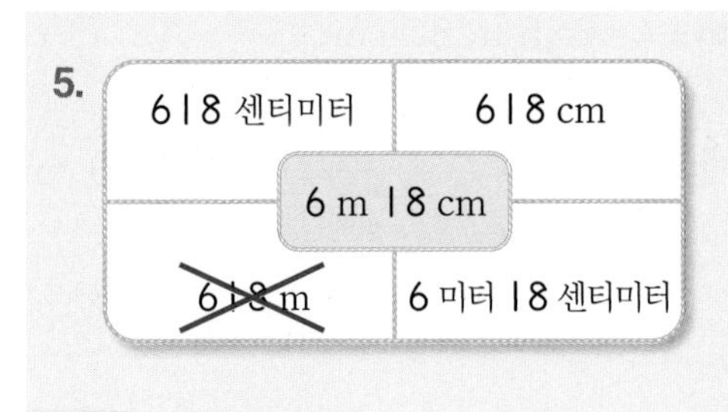

6.

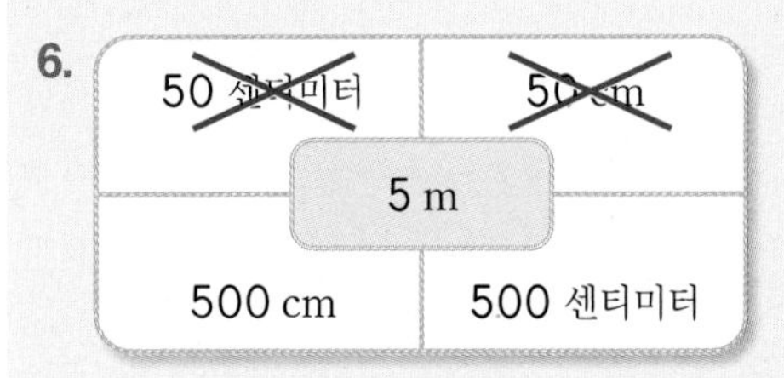

7.

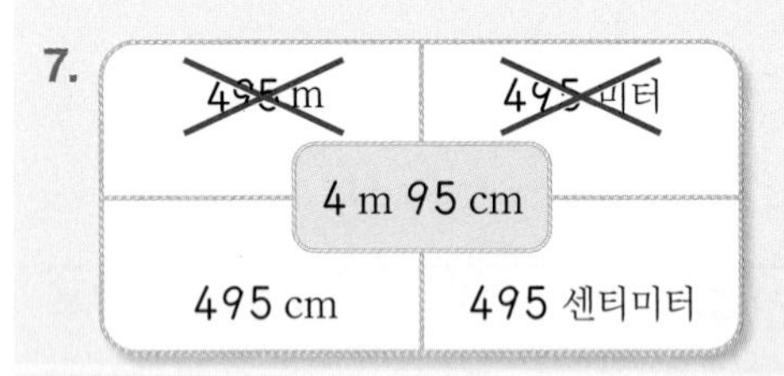

8.

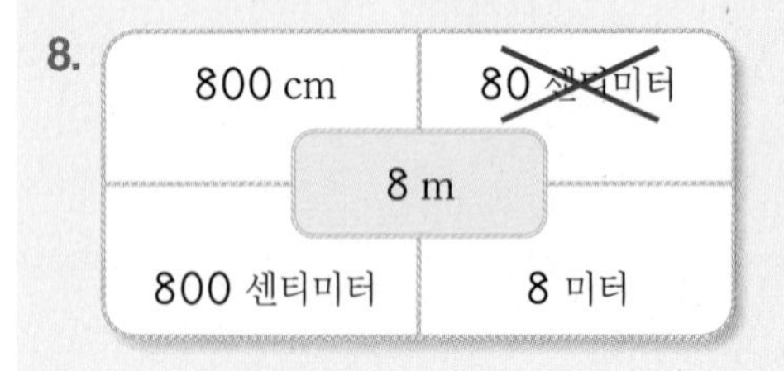

9.

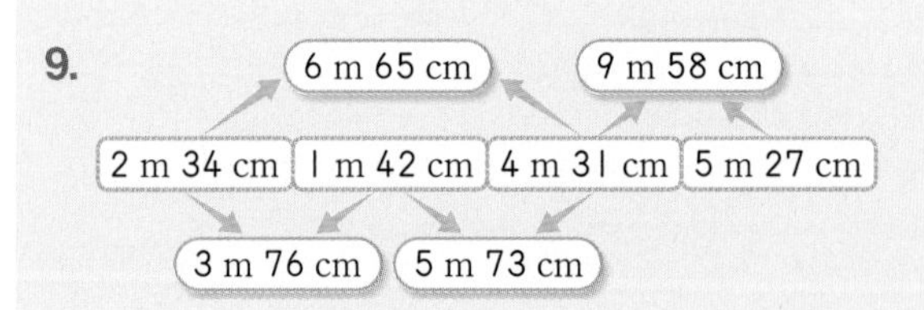

10.

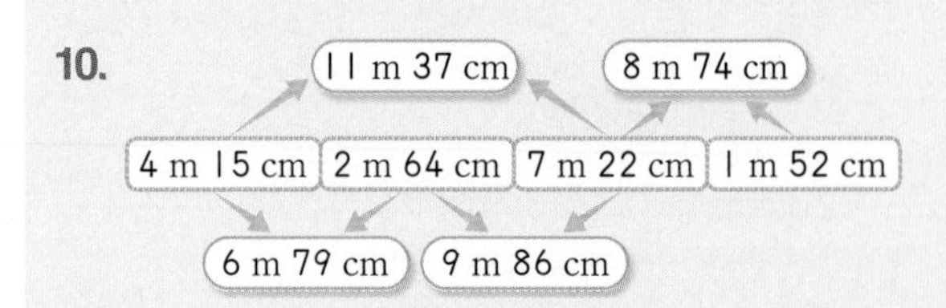

11.

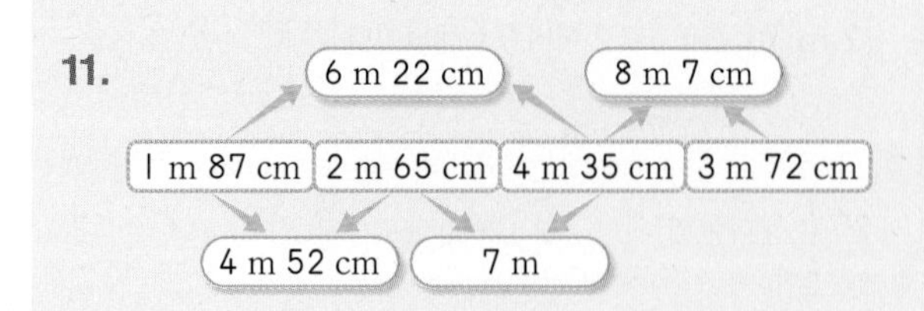

10. 4 m 15 cm+7 m 22 cm=11 m 37 cm
7 m 22 cm+1 m 52 cm=8 m 74 cm
4 m 15 cm+2 m 64 cm=6 m 79 cm
2 m 64 cm+7 m 22 cm=9 m 86 cm

11. 1 m 87 cm+4 m 35 cm=5 m 122 cm
=6 m 22 cm
4 m 35 cm+3 m 72 cm=7 m 107 cm
=8 m 7 cm
1 m 87 cm+2 m 65 cm=3 m 152 cm
=4 m 52 cm
2 m 65 cm+4 m 35 cm=6 m 100 cm
=7 m

09 집중 연산 ❷ 98~99쪽

1. 8, 79
2. 5, 56
3. 8, 35
4. 16, 83
5. 9, 52
6. 14, 30
7. 19, 10
8. 35, 55
9. 31, 1
10. 8, 48
11. 14, 60
12. 16, 34
13. 4, 22
14. 18, 26
15. 17, 37
16. 7 m 87 cm
17. 6 m 77 cm
18. 9 m 86 cm
19. 8 m 48 cm
20. 5 m 35 cm
21. 14 m 13 cm
22. 470 cm
23. 490 cm
24. 695 cm
25. 961 cm
26. 526 cm
27. 612 cm
28. 916 cm
29. 944 cm

22. 150 cm+3 m 20 cm=1 m 50 cm+3 m 20 cm
=4 m 70 cm
=470 cm

5 길이의 차

01 받아내림이 없는 길이의 차 (1) 102~103쪽

1. 2, 20
2. 1, 23
3. 3, 25
4. 3, 33
5. 2, 42
6. 3, 6
7. 2, 51
8. 6, 73
9. 4, 34

10.

	2	m	65	cm
−	1	m	42	cm
	1	m	23	cm

11.

	3	m	86	cm
−	1	m	42	cm
	2	m	44	cm

12.

	2	m	49	cm
−	1	m	42	cm
	1	m	7	cm

13.

	2	m	78	cm
−	1	m	42	cm
	1	m	36	cm

14.

	2	m	97	cm
−	1	m	42	cm
	1	m	55	cm

15.

	4	m	84	cm
−	1	m	42	cm
	3	m	42	cm

16.

	1	m	66	cm
−	1	m	42	cm
			24	cm

17.

	1	m	75	cm
−	1	m	42	cm
			33	cm

02 받아내림이 없는 길이의 차 (2) 104~105쪽

1. 11
2. 2
3. 1, 10
4. 4, 12
5. 5, 15
6. 5, 15
7. 1, 34
8. 7, 31
9. 3, 24
10. 1, 62
11. 1, 8
12. 1, 8
13. 1, 3
14. 1, 10
15. 2, 7
16. 2, 9
17. 2, 6
18. 2, 2

03 받아내림이 있는 길이의 차 (1) 106~107쪽

1. 2, 63
2. 2, 25
3. 1, 50
4. 3, 62
5. 6, 89
6. 3, 54
7. 7, 19
8. 1, 87
9. 5, 64

10.

	8	m	16	cm
−	5	m	78	cm
	2	m	38	cm

11.

	15	m	22	cm
−	6	m	40	cm
	8	m	82	cm

12.

	25	m	12	cm
−	11	m	56	cm
	13	m	56	cm

13.

	12	m	54	cm
−	3	m	69	cm
	8	m	85	cm

14.

	15	m	22	cm
−	11	m	56	cm
	3	m	66	cm

15.

	25	m	12	cm
−	3	m	69	cm
	21	m	43	cm

16.

	12	m	54	cm
−	5	m	78	cm
	6	m	76	cm

17.

	8	m	16	cm
−	6	m	40	cm
	1	m	76	cm

1.

	3		100	
	~~4~~	m	21	cm
−	1	m	58	cm
	2	m	63	cm

7.

	7		100	
	~~8~~	m	14	cm
−			95	cm
	7	m	19	cm

04 받아내림이 있는 길이의 차 (2) 108~109쪽

1. 4
2. 18
3. 2, 87
4. 1, 70
5. 1, 79
6. 4, 44
7. 1, 79
8. 6, 36
9. 4, 35
10. 1, 64
11. 풀이 참조
12. 풀이 참조

1. 7 m 31 cm−2 m 85 cm
=6 m 131 cm−2 m 85 cm
=4 m 46 cm

9. 5 m 26 cm−91 cm=4 m 126 cm−91 cm
=4 m 35 cm

11.
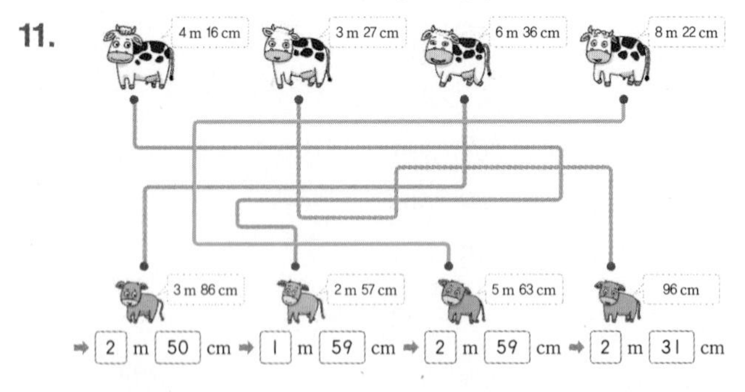

12.
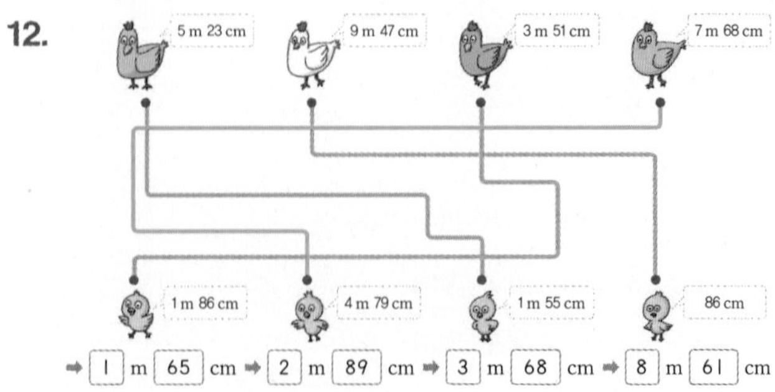

05 받아내림이 있는 ◆ m−▲ m ■ cm 110~111쪽

1. 1, 42
2. 2, 3
3. 3, 14
4. 1, 11
5. 6, 27
6. 3, 55
7. 7, 88
8. 4, 36
9. 3, 29
10. 1, 79
11. 48
12. 1, 42
13. 2, 25
14. 5, 46
15. 2, 57
16. 1, 19
17. 2, 33

1.

	3 (4)	m	100	
−	2	m	58	cm
	1	m	42	cm

7.

	7 (8)	m	100	
−			12	cm
	7	m	88	cm

10. 3 m−1 m 21 cm
=2 m 100 cm−1 m 21 cm
=1 m 79 cm

12. 5 m−3 m 58 cm
=4 m 100 cm−3 m 58 cm
=1 m 42 cm

06 길이의 차를 ▲ m ■ cm로 나타내기 112~113쪽

1. 70, 3, 20
2. 5, 3, 10
3. 2, 50
4. 2, 40
5. 3, 67
6. 4, 75
7. 2, 26
8. 2, 79
9. 2, 76
10. 2, 68
11. ㉠ 2, 70 ㉡ 2, 20 ㉢ 2, 65 ㉣ 2, 30
12. ㉠ 2, 85 ㉡ 2, 55 ㉢ 2, 80 ㉣ 1, 35

11. ㉠: 4 m 10 cm−140 cm
=4 m 10 cm−1 m 40 cm
=2 m 70 cm
㉡: 3 m 40 cm−120 cm
=3 m 40 cm−1 m 20 cm
=2 m 20 cm
㉢: 4 m 50 cm−185 cm
=4 m 50 cm−1 m 85 cm
=2 m 65 cm
㉣: 3 m 45 cm−115 cm
=3 m 45 cm−1 m 15 cm
=2 m 30 cm

12. ㉠: 4 m 35 cm−150 cm
=4 m 35 cm−1 m 50 cm
=2 m 85 cm
㉡: 4 m 35 cm−180 cm
=4 m 35 cm−1 m 80 cm
=2 m 55 cm
㉢: 4 m 40 cm−160 cm
=4 m 40 cm−1 m 60 cm
=2 m 80 cm
㉣: 4 m 60 cm−325 cm
=4 m 60 cm−3 m 25 cm
=1 m 35 cm

07 길이의 차를 ■ cm로 나타내기 114~115쪽

1. 220
2. 230
3. 120
4. 510
5. 137
6. 65
7. 360
8. 490
9. 159
10. 256
11. 270
12. 175
13. 65
14. 190
15. 290
16. 145
17. 270
18. 200

11. 4 m 15 cm−145 cm=4 m 15 cm−1 m 45 cm
=3 m 115 cm−1 m 45 cm
=2 m 70 cm
=270 cm

16. 420 cm−2 m 75 cm=4 m 20 cm−2 m 75 cm
=3 m 120 cm−2 m 75 cm
=1 m 45 cm
=145 cm

08 집중 연산 ❶ 116~117쪽

1. 3 m 24 cm, 3 m 21 cm
2. 2 m 24 cm, 3 m 31 cm
3. 2 m 23 cm, 4 m 32 cm
4. 3 m 15 cm, 2 m 30 cm
5. 1 m 74 cm, 1 m 82 cm
6. 4 m 78 cm, 1 m 91 cm
7. 2 m 92 cm, 2 m 43 cm
8. 1 m 83 cm, 2 m 93 cm
9. 220, 390
10. 371, 87
11. 410, 190
12. 242, 479
13. 4, 50 ; 1, 90
14. 1, 70 ; 4, 77
15. 2, 92 ; 3, 95
16. 2, 73 ; 4, 80

5. 5 m 52 cm−3 m 78 cm
=4 m 152 cm−3 m 78 cm
=1 m 74 cm
3 m 78 cm−1 m 96 cm
=2 m 178 cm−1 m 96 cm
=1 m 82 cm

9. 4 m 50 cm−230 cm=4 m 50 cm−2 m 30 cm
=2 m 20 cm
=220 cm
6 m 20 cm−230 cm=6 m 20 cm−2 m 30 cm
=5 m 120 cm−2 m 30 cm
=3 m 90 cm
=390 cm

09 집중 연산 ❷ 118~119쪽

1. 4, 31
2. 3, 30
3. 3, 24
4. 2, 22
5. 5, 18
6. 4, 31
7. 1, 63
8. 4, 68
9. 4, 62
10. 5, 78
11. 2, 97
12. 1, 69
13. 1, 88
14. 3, 74
15. 2, 89
16. 2 m 11 cm
17. 2 m 42 cm
18. 2 m 55 cm
19. 3 m 5 cm
20. 2 m 68 cm
21. 6 m 83 cm
22. 520 cm
23. 230 cm
24. 119 cm
25. 467 cm
26. 252 cm
27. 280 cm
28. 455 cm
29. 492 cm

빅터 연산
플러스 알파 120쪽

1. 56
2. 48

1. 7×8=56
2. 8×6=48

MEMO

◀ 정답은
이안에
있어!

수학 전문 교재

●연산 학습

빅터연산	예비초~6학년, 총 20권
참의융합 빅터연산	예비초~4학년, 총 16권

●개념 학습

개념클릭 해법수학	1~6학년, 학기용

●수준별 수학 전문서

해결의법칙(개념/유형/응용)	1~6학년, 학기용

●단원평가 대비

수학 단원평가	1~6학년, 학기용

●단기완성 학습

초등 수학전략	1~6학년, 학기용
일등전략 초등 수학	1~6학년, 학기용

●상위권 학습

최고수준 S 수학	1~6학년, 학기용
최고수준 수학	1~6학년, 학기용
최강 TOT 수학	1~6학년, 학년용

●경시대회 대비

해법 수학경시대회 기출문제	1~6학년, 학기용

예비 중등 교재

●해법 반편성 배치고사 예상문제	6학년
●해법 신입생 시리즈(수학/영어)	6학년

맞춤형 학교 시험대비 교재

●열공 전과목 단원평가	1~6학년, 학기용(1학기 2~6년)

한자 교재

●한자능력검정시험 자격증 한번에 따기	8~3급, 총 9권
●씸씸 한자 자격시험	8~5급, 총 4권
●한자 전략	8~5급Ⅱ, 총 12권